Knowledge BASE 系列

一冊通曉 認識繽紛生命，為自己和地球做更好選擇

圖解 生物學

廣開版

大石正道 著　洪悅慈 譯

推薦序

由興趣開始培養
閱讀鑽研生物學的動力

文◎嚴震東

（國立台灣大學生命科學系名譽教授）

⊙ 生物學內涵深廣，易學難精

生物學，或者更時髦一點稱為「生命科學」，可以說是近來最熱門的學門了。眼見生物科技即將改造我們的日常生活，腦科學正在探索我們的思想、意識，基因科學正在進入醫學的每一個角落；不只是這些傳統的農學、醫學、心理學，就連物理、化學、工程、資訊、社會、人文、數學等等，幾乎所有的學門領域都要和生物掛鉤。掌握到這樣的脈動，麻省理工學院規定所有學生不分科系都必修生物學；中研院院士會議也建議各大學應重視這門學科，讓各學院都改為必修科目。生物學的重要性真是不容小覷。

不過，生物學這門學科可說是易學難精。記得我在初中時有一門「博物學」的課，範圍包含了動物、植物、礦物，還有各式各樣的圖片和專有名稱，念起來很有成就感，但是忘得也很快。生物學也是如此，常常會有學生覺得念了卻好像沒念，因為不容易掌握重點到底在那裡；就像很多人都有逛博物館、動物園、植物園、水族館的經驗，任何一個小有名氣的館園，都充滿了新鮮、新奇的東西，看得大家眼睛凸出來、下巴掉下來，但是過兩天再回想看看，卻又好像不太記得看了什麼。

我在大學裡的生物類別學系教課，擔任過很多年書報討論課的指導老師，這門課進行的方式是每個學生都要找一篇自己有興趣的研究論文，輔助相關的內容，輪流上台做二、三十分鐘的口頭報告，再一起討論十分鐘。有一陣子，「細胞內訊息傳遞」（Signal transduction）的研究很熱門，那幾年幾乎一半的同學都在講有關「細胞內訊息傳遞路徑」的論文，但我非常驚訝地發現，一整

年下來大家所探討的內容幾乎都沒有什麼重覆。光是細胞訊息傳遞的途徑竟然就有這麼多種，足見生物學的探究可以達到多麼博深廣大的程度！

親身動手、培養興趣是學習生物學的不二法門

我的研究室與醫學工程、電機工程經常合作，因此有時也有機會到醫工系或是電機系去教課，多如牛毛的生物專有名詞常是這些數理工程學生的極大障礙。經常聽到有人感慨可以考進醫學系的應該都是聰明學生，但畢業之後卻一輩子就是幫人看看流鼻涕、醫醫感冒什麼的；不過，想一想要背下這麼多的生物醫學知識，並且融會貫通以後才能在診間裡靈活運用，不聰明、不博聞強記，似乎很難應付得來。

既然生物學的範疇如此地廣泛精細，那麼要怎麼樣才能掌握學習的竅門呢？我大學時念動物系，懵懵懂懂地過了四年，現在回頭再看看以前的上課筆記，都會驚訝當時的幼稚與被動。不過，當年課程設計得非常好的一點是實驗課很多，生態實習、比較解剖、切片染色……等等，幾乎一大半的時間都是學生自己做、自己看、自己學，成效相當紮實。因此依據我的經驗，自己動手、主動學習是培養興趣、培養「Insight」的不二法門，有了動機、有了興趣，才有可能不斷鑽研、痛下苦功。

不過，入門的讀者還不需要到痛下苦功的程度，而更需要的是能夠提起興趣，對於這樣的一般讀者，我非常樂意推薦《圖解生物學》這本書。這是一本文字精簡並搭配了大量圖解的讀物，有點像牛頓雜誌的合訂版，書中也運用了許多趣味的例子。這本書的內容簡潔有趣，相信無論對於高中生、大專生、甚至社會人士，應該都是開卷有益的。

嚴震東

重新學習基礎
以探求新知

比起物理學、化學等其他自然科學的學問,大概沒有像生物學這樣還要進展快速的吧。就連這本書在撰寫的當中,生物學上也不斷地出現新的發現,當筆者打算將這些最新研究成果寫進書中時,卻又出現了更新的資訊。相信大家在報紙或新聞節目中,多了不少接觸這類生物學新知的機會;但另一方面,應該也有不少人難以將學生時代在生物課中所學的內容,和這些最新知識連結在一起。

因此,本書除了讓讀者重新學習生物學的基礎,也希望幫助讀者透過這些基礎知識,來理解目前的生物學新知。

就像這樣,生物學不斷有全新的發現,這或許會讓大家覺得「過不了幾年,人類就可以弄清楚生物學的所有現象」,然而依筆者的預測,人類應該還需要再花上數十年的時間,才有可能完全揭開生物學的整體面貌。

在筆者所屬的實驗室中,主要的研究議題為全面性地探索跟人類疾病有關的蛋白質。在我們的研究成果中,經常會發現新的蛋白質,不過幾乎所有的情形都是:我們完全不知道這些全新蛋白質的功用為何。人類的身體當中明明存在著這麼多種蛋白質,但我們對這些蛋白質卻是一無所知。透過自己的實驗,筆者深切地感受到目前的生物學仍有不夠完備之處。

希望這本書帶給各位讀者的,不只侷限在目前生物學中已經發現的既有知識,也能夠讓大家從中體會到隱含在生物學中的思考方式與邏輯。

最後,感謝日本實業出版社的野田理繪小姐在本書的出版過程中提供了各種建議,謹此致上深摯謝意。

二〇〇二年七月　大石正道

目　次

第1章　認識生物學

第2章　生物源自細胞

第3章　生物不斷地演化

第4章 維持生命的身體機能運作

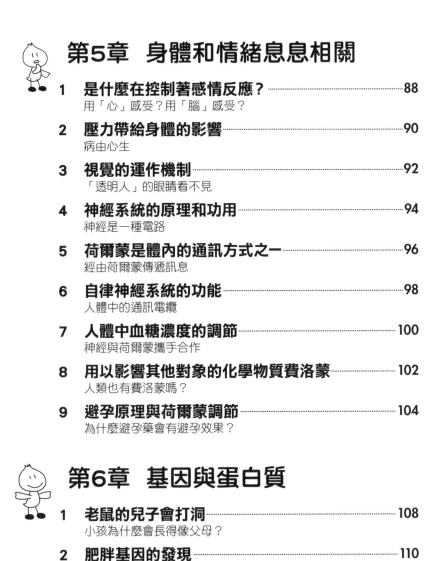

第7章　人體是如何構成的？

第8章 應用於醫療方面的生物知識

有趣的「生物學」！

「生物學」是一門什麼樣的學問？

　　筆者認為，生物學是一門「從科學的角度來了解自己」的學問。

　　換句話說，「人類是怎麼生下來的？」、「為什麼眼睛可以看見東西？」、「人類為什麼要用兩隻腳走路？」、「為什麼會感冒？」、「人類的祖先是猴子嗎？」……等等，像這些與自己切身相關的問題，都可以用生物學的理論來解釋回答，這一點大概就是生物學的魅力所在。

其實眼睛不是兩個也沒有什麼關係吧。

　　此外，在生物學中也會談及自然界中的各種生物，像是「為什麼一般的鳥類不會長出像水鳥那樣的蹼？」、「為什麼有些生物法則在單一個體身上可以成立，到了族群的時候卻無法成立呢？」、「地球的生態系真的不斷地遭受到破壞嗎？」、「溫室效應會給生物帶來什麼樣的影響？」……等等。

就算你們這樣講，我也說不出原因是什麼……

「生物」究竟是什麼？

　　如果有人問你「生物」到底是什麼，你會怎麼回答呢？若是這個問題不容易回答的話，那就換個方式

來問：「生物」和「無生物」的差別在哪裡？試舉出幾項生物的特徵。

我們人類當然是生物中的一員；反過來看岩石或礦物之類的東西，立刻就能理解那是無生物。接下來，再試著思考看看人類和岩石的差別，或許就可以分清楚生物和無生物的差異究竟在哪裡。

生物與無生物的差別

生物的特徵	無生物的特徵
● 會動	● 不會動
● 會吃東西	● 不會吃東西
● 會呼吸	● 不會呼吸
● 會進行能量代謝或物質代謝	● 不會代謝
● 會成長	● 不會成長
● 會繁衍後代	● 不會繁衍後代

不過，上面所列出的生物特徵大多有例外。以植物來說，它們平常不會動、不會吃東西，休眠中的植物種子甚至不會呼吸、不會代謝，而且也因為不會繼續成長，所以不會繁衍後代。

這樣一來，「活的東西」和「死的東西」到底差在哪裡呢？

假設現在餐桌上有「小魚乾」、「生菜沙拉」、「生牛肉」和「黃豆」。不管是誰，都會認為小魚乾是已經死掉的東西。那生菜沙拉呢？雖然根莖都被拔掉，只剩下了葉子，但是只要當中水分飽滿、樣子看起來很新鮮的話，大部分的人或許就會有「生菜還是活著」的感覺。然而，雖然同樣都是「生」的東西，但牛肉只要一經過切割，就不會讓人覺得它是活著的。

如此一來，牛肉要如何才算是死掉的呢？要是牛肉被施以電擊而產生跳動的反應，就可以說這塊牛肉是活著的；不過，就算牛肉對電擊沒有反應，但牛肉裡面的細胞也可能還活著，因此要問這牛肉什麼時候算是死掉，也無法得出一個確切的答案。

　　黃豆的生死就更難判斷了。如果餐桌上的黃豆被灑在田裡並且發芽的話，那麼就是活著的；如果沒有發芽的話，這些黃豆不但是死的，說不定還已經死很久了。

　　從上面食物的例子中可以知道，「活著」這件事情是很難定義的。

　　有一種身長大約一公厘、叫做「熊蟲」的小蟲，即使脫水乾燥，再放到超過一百度的高溫、或是零下兩百六十度的超低溫環境下，甚至是接近真空狀態的環境中，只要把牠們放回適當溫度和濕度的環境裡，牠們就會復活並開始爬行。這樣的情況，就很難輕易地斷言熊蟲到底是死了還是活著的。

　　像這樣以「『活著』究竟是怎麼一回事」為議題進行研究探索的學問，就是「生物學」。

近來常出現「生物ＸＸ（bio-）」這樣的名詞

由於生物學的英文是「Biology」，所以原本是用「bio-」這個字首來代表與「生物學」相關的單字，不過近來提到「bio-」開頭的單字時，大多都偏向具「科技」的含意，例如「生物科技（biotechnology）」、「生技商機（biobusiness）」等等。

以前只要一提到「生物學者」，一般人的印象應該都是：一個可以馬上答出各種動植物名字的「萬事通博士」。

也無怪乎許多人會這麼想，因為從前有許多學者都是小時候喜歡捉昆蟲，長大以後繼續鑽研並踏入專業領域，而變成「昆蟲博士」；或是小時候喜歡觀察小花小草，長大後就變成植物分類學的著名學者。總而言之，因為原本就喜歡各種生物而成為生物學家的例子非常地多。

不過，隨著生物學上的各種領域逐漸專業化，研究內容也逐漸細分後，專業色彩鮮明的生物學家也愈來愈多。生物科技就是其中一個領域。

但是，由於基因與基因體這些生物遺傳物質的共通單位在研究上有所進展，使得原本已經細分化的專業領域，又慢慢地再度整合起來，因此過去研究人員走向專業路線的趨勢，現在又有所改變了。

此外，基礎生物學的知識也可以在一些和我們息息相關的應用領域發揮作用，像是醫學或農業等等，所以就連「基礎」和「應用」之間的區別，也開始變

以前有許多生物學家小時候就是「昆蟲少年」

我小時候也是那個樣子。

15

得模糊。

另一方面，新的基礎生物學知識發展出了嶄新的生物技術，而若不運用這些新的生物技術，就無法繼續研究出更新的生物學知識。因此，基礎生物學和生物科技兩者之間，也變得密切相關。

一旦我們確定了包含人類在內各種生物的全部基因排序（基因體序列）之後，就可以知道得更多，像是植物也具有人類的疾病相關基因，或是人類的基因數目也只不過比果蠅多了兩倍等等。到了現今這個時代，即使是原本專門研究人類的生物學家，如果對其他生物一無所知的話，也無法在自己的研究上有所突破。

今後，生物學應該還會不斷地和更多的學科整合，繼續發展成一門總合性的學問。

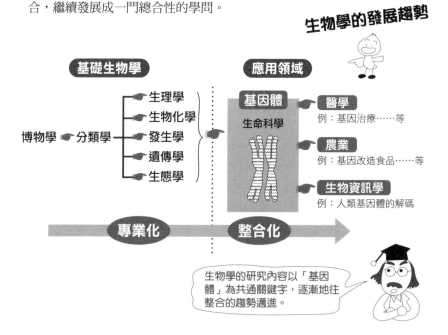

生物學的發展趨勢

生物學的研究內容以「基因體」為共通關鍵字，逐漸地往整合的趨勢邁進。

「生物學」有什麼功用？

　　或許有人會說：「即使生物學再怎麼進步神速，和我們的生活也沒有什麼切身關係。」沒錯，我們幾乎沒有機會去親眼看看複製羊，也不能用肉眼分辨出經過基因改造的農作物。不過，其實我們的生活四周早已處處可見由生物新知發展而來的各種生物科技。

　　舉例來說，最近在花店裡多出了一種藍色的康乃馨。原本康乃馨因為不具有藍色的色素，因此即使再怎麼改變栽培條件、或是接枝不同的品種，康乃馨也無法開出藍色的花朵。不過現在只要使用遺傳基因工程的技術，將矮牽牛花中製造藍色色素的基因加入康乃馨的基因中，就可以讓康乃馨開出藍色的花。

　　基因改造食品由於有安全上的顧慮，通常大眾對此都是敬而遠之。不過除了食物之外，其他農作物在基因改造方面的研究都相當地盛行，今後或許還會再研發出藍色玫瑰或藍色菊花，讓花店門口年年都裝飾得更加五彩繽紛。

　　除此之外，生物學的知識也廣泛地應用於醫學領域。舉例而言，為了治療許多疾病，每年都不斷有新藥上市，這些各式各樣的治療藥物即是根據生物學的知識去了解疾病的發病機制後所開發出來的，例如像抗憂鬱症藥物、抗癌藥物、抗過敏藥物等等。因為生物學上的進展，我們才得以開發出新的藥物，使得醫療技術年年都逐步往上提升。

除了以上這些用途之外，就連在平時我們不太注意的小地方，像是便利商店中賣的營養補充劑等產品，也都是充分活用生物學知識的例子。

人類今後的生活，相信會有更多地方需要用到生物學的知識。無論是在食物或是醫療方式的選擇上，或許生物學都可以為我們引導出一個最適當的選擇。

我們可以從生物學中學習到什麼？

生物體的構造是非常複雜的，大約才五十年以前，當時的人們還很難將生物以物質的方式來思考，直到後來發現了遺傳基因的本體為ＤＮＡ、遺傳訊息只由僅僅四種鹼基所組合排列而成等等，生物學的研究發展便開始一日千里，也逐漸能夠用理論來說明從前無法解釋的生命現象。

然而，即使身在被稱為「後基因體時代」的現代，科學家還是無法以人工的方式製造出一個細胞，因為細胞是極其複雜的東西。

舉例來說，人體內的蛋白質造成了各式各樣的生命現象，而要達成這樣的結果，還必須要這些蛋白質能有完美的組合運作才行。不過現在對於蛋白質的研究，還只停留在將這些蛋白質像是一個個的基礎零件般登錄到零件目錄上的階段，但對於這些蛋白質零件的組合方法，卻仍然不甚了解。

生物學家並非如雲端上的人物般遙不可及

那是因為ＡＴＣＧ…

基因體的……

不對，是蛋白質體……

不，實際上有許多生物學知識早就已經活用在我們的日常生活當中囉。

不管生物學再怎麼進步，和我們還是沒有什麼關係嘛。

　　再舉個實際的例子來說，如果我們只看到大型居家賣場的目錄上所刊載的鐵釘、螺絲、木材或玻璃等零件材料，終究還是不知道要如何組合這些材料，才能完整地建造成一棟房屋。生物學也是相同的道理，如果只知道各個蛋白質的種類，並無法就此得知蛋白質的組裝方法為何。

　　正因為如此，今後生物學的研究課題可說堆得像一座山那麼高；在這些課題當中，也潛藏著生物學各種發展的可能性。

第 **1** 章

認識生物學

說到「生物學家」，不就是一群解剖青蛙、觀察蛋孵化的人嗎？

這應該是一般對高中生物課的刻板印象吧，雖然生物學的基本研究方式是這樣沒錯。

生物學的研究範圍非常廣泛，因此雖然研究的對象都是「生物」，卻有各式各樣的研究方式。

嗯～，所以說「生物學」有很多要背的東西囉。

由於生物學上不斷地有新的發現，所以從前努力背起來的東西，到了現在也可能變成是錯的喔。

咦！虧人家在考試前一天都熬夜背書……

數學、哲學也包含在生物學中
看似非生物學的領域有時也融合在生物學當中

⊃ 生物學也包含其他學問領域

在遺傳學中,有時候會用到 A 或 a 這些字母符號,以及使用像數學一樣的理論公式來計算遺傳機率;此外在生物統計學中,也會利用機率或統計的計算方式,去證明一些生物學上的事實;另外在生物演化學上,由於在人類的一生中要想引發「生物的演化」是一件很困難的事情,因此生物演化學的研究就某種層面來說,多少都帶有一些哲學思考的色彩。

乍看之下,這些學問雖然性質大不相同,一旦都是以生物為研究對象時,就都屬於生物學的研究領域。因此,即使是研究同一種生物的學者,如果彼此的研究切入領域不一樣,雙方之間便可能不會有共通的話題。舉例來說,同樣都是果蠅的研究人員,但有人是研究遺傳學的領域,有人是研究生理學的領域,彼此之間就幾乎不會有什麼交集的話題,不過他們還是一併被視為「果蠅的研究者」。

⊃ 動植物之間無法明確區分

早在明治時期,日本就已經成立了像動物學會、植物學會這種大規模的生物學組織,然而隨著生物學的進展,動物和植物之間的界線也逐漸變得愈來愈模糊。

舉例來說,有一種稱為「眼蟲」的原生生物,有時候會利用葉綠體進行光合作用自行合成有機物,照理來說,這應該是屬於植物類的生物;不過,如果周遭的環境條件改變而沒有充足的日光來源,或是附近有豐富的養分時,眼蟲就會把葉綠體打入冷宮,像動物一樣靠吃東西來維生。

此外,現在還出現了一門叫做「比較基因體學」的學科,研究內容為將包括動植物在內各種生物的基因體拿來相互比較,而這門學科的研究人員究竟應該參加動物學會還是植物學會,也成了問題之一。

如同前面所述,由於動物和植物的差別難以區分,因此像美國便取消了「動物學會」的稱呼,而將名稱改為「整合與比較生物學會」。

‖‖‖‖ 生物學的研究範圍廣泛

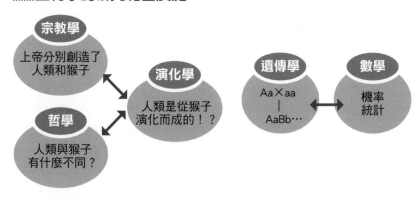

‖‖‖‖ 動物和植物的界線無法明確區分

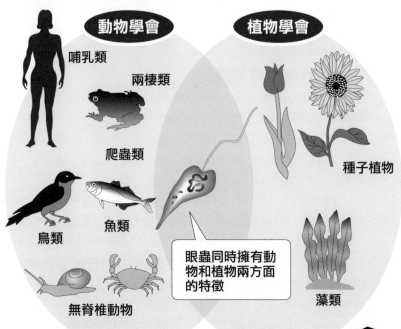

生物的「善變」正是魅力之處
生物即使體內某些部分壞了也不會因此死亡

◆ 善變的生物學

近年來，由於生物學知識突然暴增，而不得不借用電腦的力量來處理生物學的資料，生物學和資訊學也就此「合體」，產生了一門稱為「生物資訊學」的新興學科。因此，有許多原本從事電腦相關工作的資訊人員，最近也開始加入生物學的研究行列。

不過，這些資訊人員有時會有這樣的意見：「為什麼生物學這麼善變？當一個研究者提倡某種學說的時候，就會有其他的研究者提出完全相反的意見。不僅如此，連生物學的常識也是每年變來變去。」

的確，其他的自然科學或許都不像生物學這樣善變；事實上由於生物體的構造非常複雜，就連施打同樣的荷爾蒙，也會因為濃度不同而引發完全相反的生化反應。

◆ 生物體具有零件備用機制

不過，生物體會這麼善變是有原因的。假設從一個機械鬧鐘來想像看看，鬧鐘僅僅只是哪裡少了一個零件，就會完全動不了；不過，只要能幫它換上少掉的零件，就又立即可以繼續正確計時，好像什麼事都沒發生過一樣。但反觀在生物體內，如果有零件故障了，要像鬧鐘一樣把零件換掉，可真不是一件簡單的事。

因此，生物體具有一種零件替代機制，不管是哪裡有零件壞掉了，都會有其他種類的零件來替代這個壞掉的零件；儘管不能完全取代原本的零件功能，不過至少生物體還可以正常地運作。

在這裡以血清白蛋白當做例子。血清白蛋白是一種蛋白質，大量存在於動物的血液當中；如果將老鼠體內產生血清白蛋白的基因破壞掉，使其完全無法製造血清白蛋白，一般或許會猜想這種老鼠在出生之前，就會因為某些問題而死亡；即使能夠順利出生，身體的某處也應該會出現異常。不過，實驗的結果卻完全出乎意料，這種老鼠出生後依然活蹦亂跳，完全

沒有出現異常。後來科學家發現，老鼠的身體之所以沒有出現任何異狀，是因為其他種類的蛋白質（如免疫球蛋白），彌補了血清白蛋白的功能。

　　生物的身體構造就是這麼巧妙，即使有些零件壞掉了，也會有其他的零件能夠彌補那些失去的功用。

||||生物具有「自我修復」的能力

鬧鐘
即使壞掉了，只要更換零件，就可以恢復正常

動物
如果沒有進行手術，就無法更換身體中壞掉的部位（如心臟）

正因為這樣，即使A零件壞掉了，還有別的B零件可以取代A零件的功能

普通的老鼠

血清白蛋白
· 調整體液的滲透壓
· 運送脂質或藥劑　　A功能

免疫球蛋白
· 免疫的機能：B功能

體內缺少血清白蛋白的老鼠

代替血清白蛋白產生功能

免疫球蛋白　　· A功能
　　　　　　　　· B功能

學習生物學不可單靠記誦
探索生物知識的原則

⊙ 生物知識改變頻繁

生物學中經常出現各式各樣的專門術語，有人或許會因此認為，不管課本上寫了什麼，都必須一字不漏地背下來。然而，比起物理學或是化學，生物學常識的變動是非常頻繁迅速的。

例如不久之前，科學家宣稱人類的基因數目大約是十萬個，可是隨著人類基因體（參見一百二十二頁）解析技術的進步，結果發現人類只有大約三萬個基因，這個數字是蒼蠅基因數目的兩倍，和玉米的基因數量差不多。生物學上還有很多這種例子，所以我們的頭腦要夠靈活，即使目前所知的生物學常識哪一天改變了，也可以馬上應變。

⊙ 研究方法比結論更重要

如此說來，既然目前已知的生物學常識總有被顛覆的一天，或許又會有人認為記下生物學的知識不會有什麼用處。不過，這樣的想法其實忽略了一件更重要的事：儘管時代再怎麼變化，生物學的研究模式卻幾乎不會改變。所謂的研究模式，就是先要有「想要研究什麼」的「研究目的」，再來是怎麼去研究的「實驗方法」和實驗得到的「結果」，最後是從實驗結果所推導出來的「結論」。

當大家記誦生物學知識的時候，總是不自覺地只注意到「結論」的部分，但事實上先了解結論的研究背景，特別是「這個結論是用什麼樣的方法得到結果」，這一點反而比結論本身更重要。

就像之前宣稱人類基因數目約有十萬個的時候，以當時的技術，科學家還無法研究出人類基因體中全部的鹼基序列，因此他們採用的研究方法，只能根據基因所製造出的蛋白質種類來回推基因的數量，並得出「十萬個基因」這個結論。不過，最近科學家已研究出人類基因體的全部鹼基序列，並且利用可以區分基因特殊排列的電腦程式進行分析，最後得到的結果是人類基因數目約為三萬個左右。

就像這樣，只要知道這些研究結果是用什麼方法得到的，就可以判斷出「三萬個基因比十萬個基因的研究結果來得正確」。不過，如果人體中還存在著現在的電腦程式仍無法找到的基因，未來研究出的基因數量或許還會再增加。

生物學上雖然仍有許多像這樣無法確定的事情，不過我們還是可以從研究方法和結果，判斷這些結論是否正確。

‖‖‖隨著時代的進步，生物學的常識也不斷在改變

例：人體基因的數量

不久前的常識	現在的常識	未來
10萬個	3萬個	會再增加？ 會再減少？

‖‖‖生物學的重要原則

①實驗是用什麼方法進行的
②結論是從什麼樣的實驗結果所推導出來的

雖然一般都認為知識和結論優先，不過也要注意到這些原則。

‖‖‖生物學的研究模式

	研究目的	實驗方法	實驗結果	結論
以前	研究出人類基因的數量	從蛋白質的種類數量來估算	蛋白質的種類有幾十萬種	基因的數量約為10萬個
現在	研究出人類基因的數量	從ＤＮＡ的鹼基序列來推算	具有基因特徵的ＤＮＡ鹼基序列，數量上並沒有那麼多	基因的數量約為3萬個

雖然結論變了，但是不管是以前還是現在，研究模式本身都沒有變呢。

「品種」的概念正在動搖
重外表還是重基因？

◆ 生物品種依外觀命「學名」

目前生存在地球上的生物種類，大約在四百萬到四千萬種之間，但正確的種類數仍然未知，即使到了現在，還是會在南美洲的亞馬遜雨林或非洲的叢林中，發現一些像猴子或是鹿這種大型動物的新品種。

各式各樣的生物品種除了平常所使用的「俗名」外，還會有一個全世界通用的名稱，也就是所謂的「學名」。例如人類的俗名是「人」，學名則為「智人（Homo sapiens）」。關於學名的使用，是根據十八世紀瑞典的博物學家林奈（Carl Von Linne，一七〇七～一七七八）所發明的「二名法」而來，而且更精確的用法應該是在學名後面加上品種發現者的名字，所以像人類的正確學名應為「Homo sapiens Linne」。從前的分類學家為了能夠在新品種的學名中「留名」，便對於尋找新的生物品種、發表新品種的相關論文非常熱中。

在林奈的時代還沒有所謂「演化」的概念，當時的學名都是依據生物的外觀來命名。不過由於後來發現有一些品種，雄性與雌性的外觀特徵不同，或是幼年和成年時的外觀完全不一樣，因而造成同一品種卻擁有各種不同學名的情況，因此要為某一種品種命名之前，就必須先徹底研究這個品種的許多個體，防止同一品種重複命名的情況發生。於是，生物學家便利用發生學（譯注：即「發育生物學」，主要研究生物體或物種之起源及發展過程）的研究來幫助分類，或是將外觀極為相近的種族歸為一類，這就是目前蓬勃發展的「系統分類學」。

◆ 基因研究使品種概念受到動搖

然而，當研究基因本身的ＤＮＡ鹼基序列變得更為容易的時候，卻又發現了更令人意外的事實。

以蛞蝓和蝸牛為例，如果依照過去用外觀來分類的方式，牠們會被分為蛞蝓類和蝸牛類這兩大類；不過若比較一下牠們的ＤＮＡ，就會發現

▌▌▌▌用外觀和用DNA來分類的不同

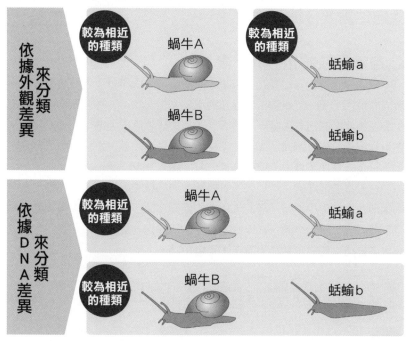

二十九頁圖解中的 a 品種蛞蝓其實和 A 品種的蝸牛比較相近，反而和 b 品種的蛞蝓比較不同。如此一來，就不是人們原先所推測般，某些蝸牛在演化過程中失去了蝸牛殼，變成了現存所有蛞蝓的祖先；而應該是失去殼的 A 品種蝸牛演化成 a 品種的蛞蝓、失去殼的 B 品種蝸牛演化成 b 品種的蛞蝓。失去了蝸牛殼以後，內臟的位置也會發生很大的改變，所以如果只看外表的話，經常會把蝸牛和蛞蝓誤認做是兩種差異很大的生物。

　　由於有上述的情況發生，現在對於「品種」的概念正逐漸動搖，就連對品種的定義也是因人而異。現階段分類學家們普遍能夠接受的「同種」條件，便是一種稱為「生殖隔離」的機制，即生物之間是否可以交配、生下後代，而且其後代也要能繼續繁衍子孫。

不同品種的生物，就一定生不出小孩嗎？

沒有這回事。

如果讓獅子和豹交配，還是可以生出小孩（豹獅），可是兩隻豹獅之間卻無法生下後代，所以便將獅子和豹歸類成不同品種。

29

書本知識並不完全符合自然界
大自然需要仔細觀察

❖ 自然生態並非一成不變

　　生態學上有一句口號為「Study Nature, Not Books!」，反應出「書中所寫的東西，不一定會和自然界裡的現象完全一致」。在自然界中，許多生物在彼此間的複雜影響下生活著，此外依據生活環境的不同，生物的反應也會跟著改變。因此，即使把某個地方觀察到的事實原封不動地寫到書上，可是一旦換了地方，這些事實也有可能完全說不準。

　　一般耳熟能詳的「一根筷子折得斷，一把筷子折不斷」的故事，當中的道理在自然界中也是一樣的。所謂的族群，並非單純只是許多個體的集合群體而已，舉例來說，從單一老鼠身上所得到的實驗結果，與同時飼育多隻老鼠時得到的實驗結果就不一定會相同。

▎▎▎單一個體時成立的規則，在族群中不一定成立

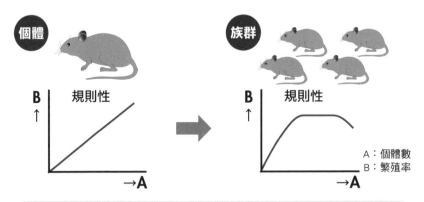

舉例來說，若將老鼠一隻一隻分開養，即使增加老鼠的個體數目（A），繁殖率（B）也不會有所改變；但若是將老鼠關在一起飼養，個體數目就算再怎麼增加，繁殖率也會有一定的限度，若又再繼續增加老鼠數量的話，繁殖率就會下降。

◯ 觀察的重要性

　　以具體的例子來看，獅子在獵食湯氏瞪羚的時候，單獨一頭獅子捕捉到獵物的成功機率是百分之十五；不過要是二到四頭的獅子團隊一起獵食的話，成功機率就會上升到百分之三十二，大約是單打獨鬥的兩倍。此外，如果換成豺狼，兩隻一起攻擊的成功機率也是單獨一隻的四倍。

　　自然界就是如此地複雜，所以仔細觀察是相當重要的。

獅子的狩獵

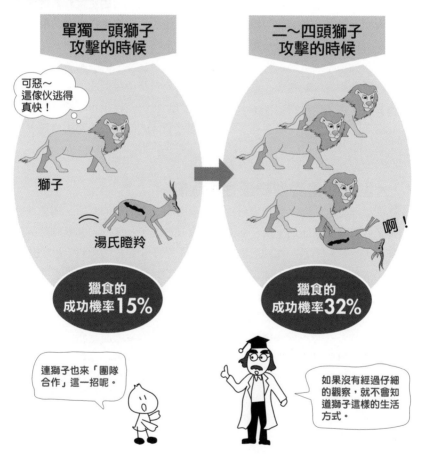

31

生物體型大小的決定因素
控制生物的物理性法則

▶ 地球上的各種大型生物

　　生物的大小各有不同，現今地球上最大的生物為藍鯨，大的藍鯨身長可達三十三公尺，體重可達一百七十噸。另一方面，目前陸地上最大的生物為非洲象，但即使是體型特別大的非洲象，身長也只有四公尺左右，體重大概是十二噸。不過在久遠以前，地球上也曾經出現過足以和藍鯨匹敵的巨大陸上動物，是一種叫做地震龍的巨大恐龍，根據考古學家的推測，其身長大約有三十五公尺，體重可達一百三十噸。

　　這些動物雖然身體巨大，卻也因此受到許多物理上的限制，吃了不少苦頭。像身體龐大的鯨魚，就必須將每單次呼吸時所吸到的氧氣送到身體各個角落、儲存在身體組織中，並且一直撐到牠再次浮上水面換氣為止，因此鯨魚的肌肉中也大量存在著一種可儲存氧氣的鮮紅色色素蛋白質，稱為「肌紅蛋白」。

▶ 大型生物會受到物理性的限制

　　如果陸地上的動物體型變得巨大，就會有重力方面的問題。像是地震龍為了保持身體前後的平衡，而擁有相當長的脖子和尾巴，強壯的前腳和後腳也垂直地向下長，如同吊橋般的結構把脖子和尾巴的重量分散給強壯的腳部。但也因為如此，地震龍的頭部就不能長得太大，腦部也不發達。

　　不僅如此，血壓也有可能對恐龍的身體構造產生影響。由於大氣壓的緣故，一般來說水位無法上升超過十公尺以上。因此，當身高十公尺的地震龍用後腳站立時，身高會變得更高，此時腳趾部分的血液應該就很難送達到腦部。除此之外，地震龍的脖子太長，可能連呼吸也是相當辛苦的一件事；由於牠的嘴巴到肺之間大約有十公尺的距離，因此即使地震龍到處跑來跑去而需要大量氧氣的時候，也無法加快呼吸的頻率。只要這些生物生活在地球的環境，牠們的身體就一定會受到這些物理性的限制。

▌▌▌▌地震龍的身體構造

地震龍

在人們的想像中，只要牠一走動，大地就會震動，因此被取名為「地震龍（Seismosaurus）」（「Seismo」是拉丁文中「搖動」的意思）

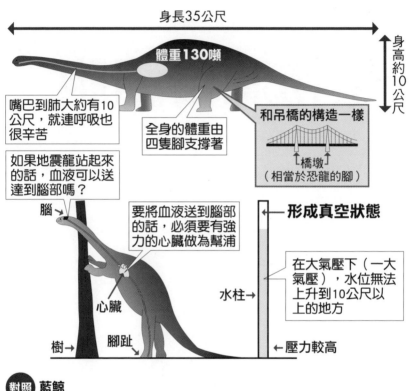

身長35公尺

體重130噸

身高約10公尺

嘴巴到肺大約有10公尺，就連呼吸也很辛苦

全身的體重由四隻腳支撐著

和吊橋的構造一樣

橋墩（相當於恐龍的腳）

如果地震龍站起來的話，血液可以送達到腦部嗎？

腦

要將血液送到腦部的話，必須要有強力的心臟做為幫浦

心臟

樹→

腳趾

水柱→

形成真空狀態

在大氣壓下（一大氣壓），水位無法上升到10公尺以上的地方

←壓力較高

對照 藍鯨

身長33公尺

體重170噸

由於水中有浮力，即使體型巨大也可以正常生活

身體的肌肉中含有很多可以儲存氧氣、稱為肌紅蛋白的蛋白質，所以即使長時間不呼吸也沒有關係

人的體型不會小到輕易就被襲擊，也不會重到無法支撐自己，大小真是剛剛好呢。

不過，如果今後人口再繼續增加下去的話，為了避免糧食危機，說不定人類的尺寸再縮小一點會更好。

33

第**2**章

生物源自細胞

我是生物，小石頭卻不是生物，我和石頭到底有什麼不同啊？

 生物有幾個特徵，例如會活動、會吃東西、會呼吸，或可統稱為會「成長」。這些活動的運作基礎全都來自於細胞，就連你的身體，也全都是由細胞所構成的喔。

 咦～那麼我的羽毛、我的腳、我的鳥嘴巴全部都是細胞嗎？可是它們看起來長得很不一樣耶～

 細胞也有各式各樣的種類啊！不過它們的基本構造都是一樣的。不管是哪一種細胞，都為了維持生命而努力運作著。

 維持生命……？可以講得簡單一點嗎？

 就是先前所講的啊，生物會動、會吃東西、會呼吸……也許這對我們來說都太過理所當然，所以從來不會刻意去思考這些事情吧。

探索細胞的奧祕
生命的基本單位

⊙ 細胞的發現

　　地球上住著各式各樣的生物。雖然都統稱為「生物」，其中又分成了動物（如人類、狗）、植物（如鬱金香、菠菜）、以及小到肉眼看不到的致病原微生物。雖然生物有如此多種外形和大小，但彼此之間都有一項共通的特點，那就是生物都是由「細胞」這個生命基本單位所構成的。那麼，細胞到底又是什麼樣的東西呢？

　　細胞非常地小，一般肉眼無法直接看見，因此一直要等到顯微鏡發明之後，人類才發現到有細胞的存在。事實上，細胞的發現可說是一個意外的巧合。

　　一六六五年，英國的物理學家虎克（一六三五～一七○三）思考到一個問題：「為什麼軟木塞會比其他的木材來得輕呢？」於是他試著用自製的顯微鏡去觀察軟木塞的切片，結果發現軟木塞裡居然有許多蜂窩狀的小孔，就是因為這些小孔，才使得軟木塞比其他木材要來得輕。虎克把這些小孔稱為「cell（細胞）」，也就是「小房間」的意思。不過，當時虎克觀察到的東西其實並不是活的細胞，而是死去細胞的外壁（細胞壁）。

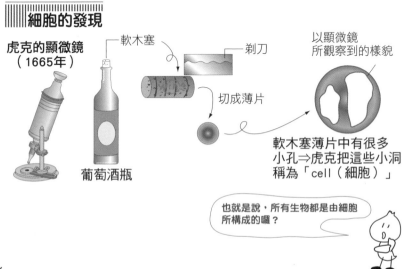

||||| 細胞的發現

虎克的顯微鏡
（1665年）

── 軟木塞

── 剃刀

以顯微鏡
所觀察到的樣貌

切成薄片

葡萄酒瓶

軟木塞薄片中有很多
小孔⇒虎克把這些小洞
稱為「cell（細胞）」

也就是說，所有生物都是由細胞
所構成的囉？

● 生物由細胞所組成

　　虎克發現細胞之後，大約又過了兩百年，人類才開始了解到細胞的重要性。一八三八年，德國的植物學家許來登（一八〇四～一八八一）發表植物的「細胞學說」，認為植物是由細胞所構成的；一八三九年，同樣來自德國的動物生理學家許旺（一八一〇～一八八二），也發表了動物的「細胞學說」；之後，德國的病理學家菲爾紹（一八二一～一九〇二）為「細胞究竟是從什麼東西生產製造而來？」的這個問題，提供了「所有的細胞都是源自於細胞」的解答。

　　隨著這些研究的進展，人們才逐漸了解到，所有的生物都是由稱為「細胞」的生命基本單位所組成的。

‖‖‖地球上的各種生物

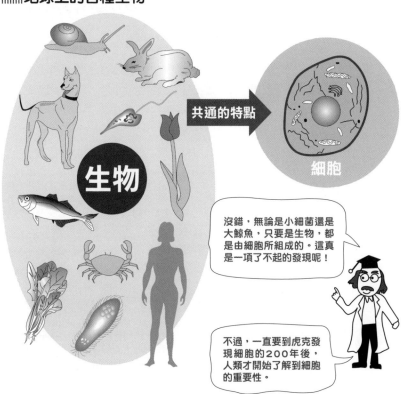

共通的特點

生物

細胞

沒錯，無論是小細菌還是大鯨魚，只要是生物，都是由細胞所組成的。這真是一項了不起的發現呢！

不過，一直要到虎克發現細胞的200年後，人類才開始了解到細胞的重要性。

37

細胞分為許多種類
原核生物與真核生物

⊙ 原核與真核細胞

如同前述所提及，所有的生物都是由細胞組成；但即使通稱為細胞，各種細胞的大小也不盡相同。就單一細胞而言，鴕鳥蛋的蛋黃是目前已知最大的細胞，而其他的細胞幾乎都小到必須用顯微鏡才看得到。為什麼細胞的大小會差這麼多呢？

細胞為了維持生命現象，必須攝取細胞外面的氧氣和養分以進行代謝，再把不要的二氧化碳或廢物排泄到細胞外面。要是細胞變得愈來愈大，固定體積下的表面積比例就會變得非常小（參見本頁圖解），因此只要細胞大到某種程度以上，就會缺少足夠的表面積把所需的氧氣和養分攝取進來。

那麼，大細胞和小細胞又有什麼不一樣呢？舉例來說，大腸菌的長度是三微米（千分之三公厘）左右，而單細胞生物眼蟲的長度大約為八十微米，幾近大腸菌的二十五倍，換算成體積比的話大約是一萬五千倍。這兩種細胞光是大小就差了這麼多，真的可以將它們看做是相同的東西嗎？

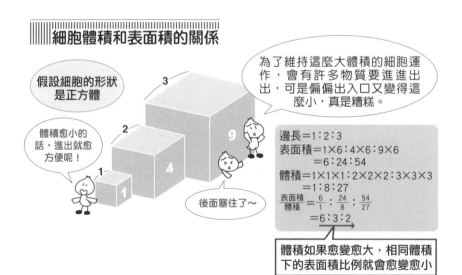

|||||細胞體積和表面積的關係

假設細胞的形狀是正方體

體積愈小的話，進出就愈方便呢！

為了維持這麼大體積的細胞運作，會有許多物質要進進出出，可是偏偏出入口又變得這麼小，真是糟糕。

後面塞住了～

邊長＝1：2：3
表面積＝1×6：4×6：9×6
　　　　＝6：24：54
體積＝1×1×1：2×2×2：3×3×3
　　　＝1：8：27
表面積/體積 ＝ $\frac{6}{1}$ ： $\frac{24}{8}$ ： $\frac{54}{27}$
　　　　＝6：3：2

體積如果愈變愈大，相同體積下的表面積比例就會愈變愈小

38

事實上，大腸菌和眼蟲的內部構造非常不一樣。大腸菌細胞即使是在電子顯微鏡下觀察，也看不到細胞內部有什麼比較清楚的構造；像這種細胞，由於內部不具有被核膜所包覆起來的細胞核，便被稱為「原核細胞」；相較之下，在眼蟲細胞當中可以看到核膜包成的細胞核，這種細胞就被稱為「真核細胞」。此外，在眼蟲細胞裡還可以看見像是粒線體、葉綠體、內質網等各式各樣的「胞器」。

除了大腸菌等細菌以外，藍藻也具有原核細胞，這種生物就被稱為「原核生物」。至於細菌及藍藻之外的其他生物，因為都是由真核細胞所構成的，所以被稱做「真核生物」。

○ 真核細胞由共生細胞演化而來

在大約三十五億年前的地層中，就已經發現到原核生物的化石，但真核生物的化石卻一直要到十五億年前的地層中才有所發現，因此一般認為原核生物逐漸演化成真核生物的時期，就是在這大約二十億年的期間。這種演化並不是一般單純的演化，目前最有力的說法稱為「內共生學說」，即原核生物中有許多其他的原核生物一同共生，進而演化成真核生物。換句話說，現在我們看到的各種胞器，就是當初共生的原核生物所留下來的遺物，而事實上在粒線體和葉綠體中也都各自含有自己特有的DNA，這個現象便被視為是一項可以證明內共生學說的證據（參見五十三頁）。

原核細胞和真核細胞的比較

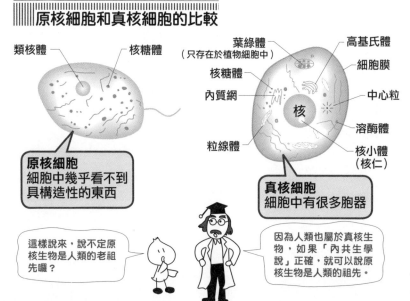

類核體　　　　　核糖體

葉綠體（只存在於植物細胞中）　　高基氏體

核糖體　　　細胞膜

內質網　　　中心粒

核　　溶酶體

粒線體　　核小體（核仁）

原核細胞 細胞中幾乎看不到具構造性的東西

真核細胞 細胞中有很多胞器

這樣說來，說不定原核生物是人類的老祖先囉？

因為人類也屬於真核生物，如果「內共生學說」正確，就可以說原核生物是人類的祖先。

細胞的內部構造
胞器及其功用

◉ 各種胞器的功用

　　前面提到了在真核細胞中有細胞核、粒線體等各式各樣的胞器，接下來便要介紹這些胞器各自具有什麼樣的功用。

　　首先是「細胞核」。細胞核中保存著細胞的遺傳物質，也就是所謂的ＤＮＡ，而ＤＮＡ當中則記載著細胞生存所須的必要資訊。對細胞而言，細胞核是一個不可或缺的存在，如果將細胞核從細胞中移除，細胞就無法進行細胞分裂，也無法繼續存活下去。細胞核內的ＤＮＡ中含有非常重要的遺傳訊息，雖然ＤＮＡ可以被複製，但ＤＮＡ本身並不會洩漏至細胞核外，因此可以將細胞核想像成一座禁止外借藏書的圖書館。ＤＮＡ當中所記載的資訊內容，具體來說就是指蛋白質的製造方法。蛋白質是細胞的主要物質成分，也是各種生命現象的關鍵推手，擔負著相當重要的功能。

　　接下來介紹的是形狀像線一樣細長的「粒線體」。雖然粒線體在教科書當中大多被畫成像是一條裡面有皺摺的臘腸，但實際上卻是更細長，而且並非呈直線狀，大多在中間會有分枝岔開。粒線體中所製造的ＡＴＰ（三磷酸腺苷，參見七十八頁）是細胞賴以維生的能量來源，因此可以將粒線體想像成是一座製造能量的發電廠。

　　「核糖體」是位在內質網表面或附近的一種小顆粒，如果把這些顆粒放大的話，看起來就像是一個個的不倒翁。核糖體的功用是依照遺傳訊息來排列胺基酸，製造出蛋白質。

　　「內質網」是一種運輸管道，用來運送細胞內所製造出來的物質，形狀就像是細胞裡的一座立體迷宮。核糖體所製造出的蛋白質當中，有一部分會進入內質網來調整其立體結構，然後再透過稱為「高基氏體」的胞器構造，將這些蛋白質運送到各自的工作場所。

　　在細胞外側包有一層「細胞膜」，功用不只是隔開細胞的內外側而已。細胞膜本身會活動並消耗能量進行代謝，攝取進必要的東西，將不要的東西排泄掉。除此之外，細胞膜上面還存在著各式各樣的受器，讓細胞

能夠對外來的刺激做出反應。

➡ 植物才擁有的胞器「葉綠體」

　　無論是動物還是植物細胞，都擁有上面所提到的這些胞器構造。不過，還有一種形狀長得像橄欖球、稱為「葉綠體」的胞器，只存在於植物細胞當中，植物的光合作用就是在此進行。

▏▏▏▏細胞內的各種胞器

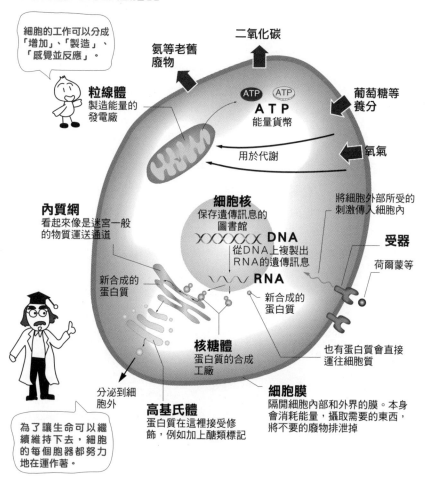

細胞的工作可以分成「增加」、「製造」、「感覺並反應」。

粒線體
製造能量的發電廠

二氧化碳

氨等老舊廢物

ATP　ATP

ATP
能量貨幣

用於代謝

葡萄糖等養分

氧氣

內質網
看起來像是迷宮一般的物質運送通道

細胞核
保存遺傳訊息的圖書館

XXXXXX **DNA**
從DNA上複製出RNA的遺傳訊息

RNA

將細胞外部所受的刺激傳入細胞內

受器

荷爾蒙等

新合成的蛋白質

新合成的蛋白質

也有蛋白質會直接運往細胞質

核糖體
蛋白質的合成工廠

細胞膜
隔開細胞內部和外界的膜。本身會消耗能量，攝取需要的東西，將不要的廢物排泄掉

分泌到細胞外

高基氏體
蛋白質在這裡接受修飾，例如加上醣類標記

為了讓生命可以繼續維持下去，細胞的每個胞器都努力地在運作著。

細胞分裂的原理
細胞的增加方式

◎ 細胞會不斷分裂增加、汰舊換新

在我們的身體中，老舊的東西會不斷被汰舊換新。以皮膚為例，老皮膚會逐漸剝落成為污垢，而皮膚內部又會再產生新皮膚；此外，就算跌倒擦傷了膝蓋，傷口不久也會自動痊癒，因為身體會不斷再生新的膝蓋皮膚組織。這種現象不只會發生在身體表面，就連平常我們覺得完全沒有改變的肌肉或骨頭，也會逐漸老舊損壞，再被新生成的細胞所取代。

人體是由無數的細胞所構成的，身體的一部分不斷地在進行更新的這個動作，即是代表老舊的細胞會汰換成新細胞的意思，而如此一來，人體就必須一直製造出新的細胞。在人體當中有一種可以分化成各種細胞的「幹細胞」，會透過細胞分裂不斷地增加，然後再將身體中的老舊細胞給替換掉。

◎ 細胞分裂的過程

那麼，細胞是怎麼從一個細胞分裂成兩個的呢？就像前述所說的，細胞當中含有各式各樣的胞器，構造非常複雜，因此要想做出另一個一模一樣的細胞，並不是一件簡單的事。尤其是細胞核，當中保存著細胞賴以維生的重要遺傳資訊，必須要能將這些遺傳訊息一毫不差地複製成兩份才行。因此在進行細胞分裂之前，細胞核中的ＤＮＡ會先正確地自我複製，數量也因此增加成兩倍；當ＤＮＡ的複製工作結束之後，細胞分裂的好戲才會正式上演。

若以搬家來比喻細胞分裂的話，首先必須仔細地整理並打包ＤＮＡ，此時ＤＮＡ便會被一種稱為「組織蛋白」的特殊蛋白質給緊緊地捆起來，形成染色質；然後大量的染色質會集中起來，形成所謂的染色體，也就是細胞搬家時的行李。ＤＮＡ打包完以後，細胞核周圍的核膜會逐漸消失（細胞分裂前期），接著染色體會排列於細胞中央處的赤道板上（細胞分裂中期），然後被一種稱為紡錘絲的細線分為兩群拉往細胞的兩端（細胞

分裂後期）。染色體的移動結束之後，接下來就是拆開行李。染色體會逐漸解開、變回可立即讀取其內部遺傳資訊的ＤＮＡ狀態，之後細胞核的核膜就會再度出現。在此同時，細胞也會從中間裂開，細胞質並一分為二，細胞分裂便在此告一段落。

說到這裡或許會產生一個疑慮，除了細胞核以外，粒線體等其他胞器在細胞分裂的時候，數量會不會也跟著減半呢？這點倒是不用擔心，因為粒線體自己就會進行分裂，即使數目減少了，也會立刻把數量補回來。

||||||細胞分裂的原理

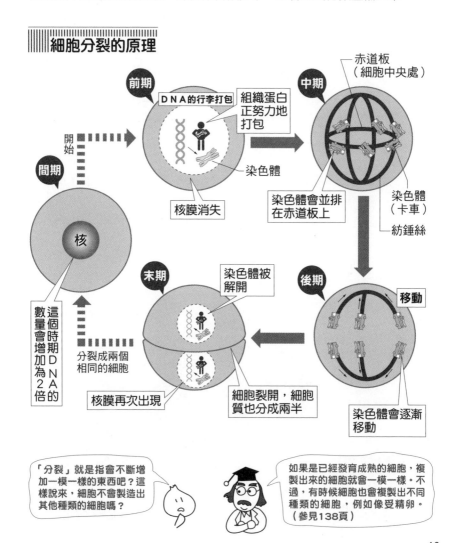

「分裂」就是指會不斷增加一模一樣的東西吧？這樣說來，細胞不會製造出其他種類的細胞嗎？

如果是已經發育成熟的細胞，複製出來的細胞就會一模一樣。不過，有時候細胞也會複製出不同種類的細胞，例如像受精卵。（參見138頁）

細胞的壽命和細胞凋亡

細胞也有死亡的一天

➡ 細胞的壽命長短不一

生物無論如何終有衰老死亡的一天；同樣地，從受精卵開始成長發育的各種細胞，總有一天也會面臨死亡，只不過細胞的壽命長短不盡相同，有長壽的細胞，也有短命的細胞。

舉例來說，腦神經細胞的壽命就很長，這種細胞從生成以後，就幾乎不會進行細胞分裂，因此其單一細胞個體相對來說就能夠存活很久。另一方面，皮膚的細胞或是血球細胞卻很短命。像表皮細胞從原本的幹細胞分化出來以後，就會不停製造出一種稱為角質蛋白的蛋白質，使表皮細胞逐漸地「角質化」，因此大部分表皮細胞早在到達身體表面之前，就已經死掉了。

此外，血球細胞也是由幹細胞製造出來的。幹細胞變成白血球之後，就要擔負攻擊細菌或病毒的責任，可是如果被對方給打敗的話，反而會「因公殉職」。另外像紅血球的話，則會在分化（參見一百三十八頁）過程中連細胞核也消失不見。

|||||短命的表皮細胞

聽到這種話真掃興，好好的愛情劇氣氛都被破壞了啦～

男主角深情款注視著的情人臉龐，其實都是死掉的表皮細胞。

⊙ 自發性死去的「細胞凋亡」

　　除此之外，還有一種根本還來不及長大就會死去的細胞。在此就以人類的手指、腳趾當做例子，來看看這種細胞究竟是怎麼形成的。

　　人類的手指和腳趾並非一開始就分成五根，起初手腳的形狀就像是一把很厚的扇子，或者說像是漫畫角色多啦A夢的手一樣。這樣說來，原本存在於手指之間的細胞跑到哪裡去了呢？

　　事實上，原本手指間隙的細胞都是自殺死掉而消失的；或者也可以說，為了讓手部可以長成正常的形狀，這些細胞便犧牲自我來完成大我。像這種自發性的細胞死亡，就稱為「細胞凋亡」。

　　那麼，若是手指之間的細胞沒有死去而存活下來的話，又會變成什麼樣的情況呢？科學家曾經改造雞的基因，讓其腳趾之間的細胞不會凋亡，結果雞腳就長出了像是蹼一樣的構造。從這個實驗結果，可以得出以下的科學性解釋：水鳥由於腳趾之間的細胞會繼續存活著，所以便長出了蹼來；不過大部分生活在陸地上的鳥類，腳趾之間的細胞會發生細胞凋亡，因此便長不出如同水鳥一般的蹼。

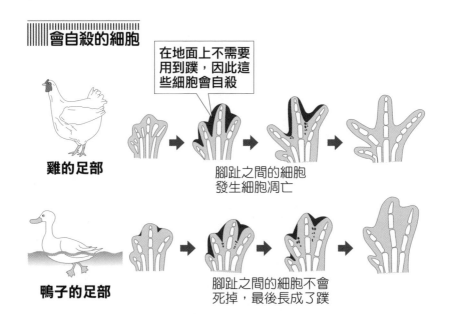

▌▌▌會自殺的細胞

在地面上不需要用到蹼，因此這些細胞會自殺

雞的足部

腳趾之間的細胞發生細胞凋亡

鴨子的足部

腳趾之間的細胞不會死掉，最後長成了蹼

第3章

生物不斷地演化

雖然我們在第二章中學到了所有生物都有「細胞」這個共通之處，可是我還是沒什麼感覺哩。就像我和細菌，兩個看起來根本不一樣嘛！

不過如果回溯到遠古時代的話，說不定細菌就是你的祖先喔！

咦～那麼小的細菌怎麼生出我啊？太不可置信了吧……

化石將遠古生物的模樣保存了下來，而根據化石的研究，鳥類大約是從一億兩千五百萬年前才開始出現在地球上；反過來說，我們也不知道在這之前到底有沒有鳥類存在。

但是我的母親和外婆都是貨真價實的鳥類呀……啊～我到底是從哪裡演變出來的生物啊？總覺得對自己的身分有點疑惑起來了。

別急別急，還有一種學說認為帥氣的恐龍就是你們鳥類的祖先喔，有沒有覺得稍微振奮一點了呢！

什麼是「演化」？
演化源自突變

◯ 挑選優良犬隻培育新犬種的「人擇」行為

據說黃金獵犬是最受歡迎的寵物狗，因為這種狗比較不具攻擊性，又很會撒嬌，很適合有小孩的家庭；不過，由於蹓狗很辛苦，所以並不適合老年夫婦的家庭飼養。根據飼主年齡、家庭結構和生活方式的不同，適合飼養的狗類品種也不盡相同。那麼，為什麼會有這些各式各樣的犬種呢？

雖然現今狗被當成寵物豢養，不過原本人類是馴養野生的狗，經過許多世紀，才逐漸培育出獵犬或看門犬等因應各種目的而生的特殊犬種。以獵犬來說，牠們必須具備的特質包括尋找獵物時不會亂吼亂叫、追逐獵物時全力衝刺的瞬間爆發力、以及跟獵物纏鬥時不易受傷的柔軟身體，而最重要的是能夠服從主人的命令。自古以來，人類不斷挑選具有以上獵犬特性的狗類，並讓牠們彼此交配，於是產生了像灰狗或杜賓狗這種優秀的獵犬品種。

◯ 「突變」與「天擇」引發生物演化

接著便要談到真正的主題，來看看「演化」是什麼。地球上各式各樣的生物，在久遠的歷史中逐漸發生變化，這就是演化。雖然我們不能親眼目睹生物的演化過程，不過若以獵犬做為例子來說明，應該會比較容易理解演化是怎麼回事。

假設有一隻狗生了許多小狗，其中只有一隻小狗的基因發生突變，使牠的瞬間爆發力比其他小狗好，人類便讓這種優良的狗互相交配，繼續生下更具瞬間爆發力的後代，最後創造出一個完全符合獵犬條件的新品種。在這個例子中有兩個重要的概念，一個是基因發生改變的「突變」，另一個是人類只留下條件比較優良的狗、讓牠們繼續生下後代的「人擇」行為。而科學家認為，如果在自然界中發生了類似上述所提到的現象（「突變」和「天擇」），便會引發生物的演化。

　　雖然大自然不會像人類的「人擇」行為一樣，刻意只留下符合特定條件的生物個體，不過從另一個角度來看，只有能夠適應大自然環境的生物才能存活下來，並擁有繁衍後代子孫的機會，所以這些存活下來的生物也可以視為是被大自然所挑選出來的生物，而這種現象就叫做「天擇」（參見六十六頁）。

||||各式各樣的犬種如何產生？

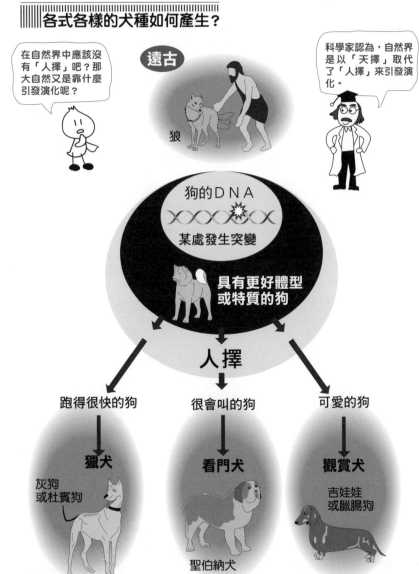

在自然界中應該沒有「人擇」吧？那大自然又是靠什麼引發演化呢？

科學家認為，自然界是以「天擇」取代了「人擇」來引發演化。

遠古

狼

狗的DNA

某處發生突變

具有更好體型或特質的狗

人擇

跑得很快的狗

很會叫的狗

可愛的狗

獵犬

看門犬

觀賞犬

灰狗或杜賓狗

吉娃娃或臘腸狗

聖伯納犬

49

生命的誕生

有機物的合成

⊃ 有機物與無機物

　　生物究竟是怎麼出現在這個地球上的呢？是在地球上誕生的嗎？還是從外太空來的呢？

　　首先，必須弄清楚生物和無生物的差別是什麼。從化學成分來看，生物體中都含有稱為「有機物」的化學物質，但岩石及礦物中卻幾乎不含這些物質。所謂的有機物，包括了碳水化合物（砂糖或澱粉）、脂肪、蛋白質、核酸等，通常是由碳、氫、氧這三種元素所組成（有些物質如蛋白質、胺基酸等，當中則含有氮）。起初科學家認為，如果沒有生物的力量，就無法製造出來這些物質，因此將其命名為「有機物」；反之，即使不靠生物的力量也可以合成出來的東西，就叫做「無機物」，例如岩石或礦物中所含有的化合物。

‖‖‖生物和無生物的差別

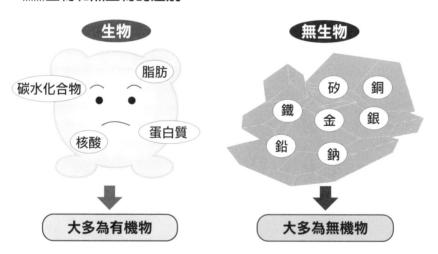

生物

脂肪

碳水化合物

核酸　蛋白質

大多為有機物

無生物

矽　銅

鐵　金　銀

鉛　鈉

大多為無機物

原來原始地球上並不存在有機物啊。

沒錯。如果有機物要靠生物才能製造出來的話，那麼地球上就無法發育出生命體了。不過，接下來的實驗就打破了這項假說。

▶由無機物合成生命體的「化學演化」

　　不過出乎意料地，科學家們後來發現在有機物當中，也存在著一些無需透過生物的力量、以人工即可進行合成的物質。一九五五年，芝加哥大學的研究生米勒在教授尤里的指導下進行了一項實驗，先在燒瓶中灌入一些地球原始大氣的假設氣體（內含甲烷、氨氣、氫氣及水蒸氣），然後在瓶中利用火花放電，簡單模擬出原始地球大氣中充滿閃電的情形。一個星期以後，原本透明的燒瓶內部出現了一些胺基酸等構造簡單的有機物，而與燒瓶連接在一起的通氣管裡面的水，也變成了咖啡色。

　　如此一來，便能夠證明地球在生物出現之前，也可以製造出有機物，但是關於這些有機物應該怎麼排列，才能組合出像蛋白質或核酸那樣複雜的有機物、以及這些有機物又要怎麼組合，才能製造出更複雜的「細胞」等等，目前仍然無法得知。從地球的歷史來看，地球大約在四十五億年前誕生，而地球上最早的生物則是出現在約四十億年前，因此地球上的生命體應該是在當中的五億年之間逐漸產生的；而這段從簡單的有機物合成、經過複雜的有機物合成，最後產生出原始生命體的過程，就稱為「化學演化」。

‖‖‖‖有機物可以由無機物人工製出！

〔米勒的實驗（1955年）〕

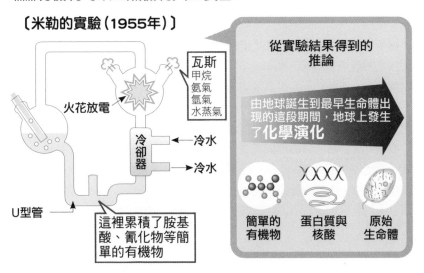

火花放電

瓦斯
甲烷
氨氣
氫氣
水蒸氣

冷卻器

→冷水
→冷水

U型管

這裡累積了胺基酸、氰化物等簡單的有機物

從實驗結果得到的推論

由地球誕生到最早生命體出現的這段期間，地球上發生了**化學演化**

簡單的有機物

蛋白質與核酸

原始生命體

細胞是怎麼誕生的？
最早的單細胞生物

⊙ 生命誕生之初的地球環境變遷

科學家在一種稱為燧石的岩石中，發現了目前世界上最古老的生物化石。這種生物大約生存在距今三十五億年前，當時地球的大氣中並沒有氧氣，反而充滿了二氧化碳和氮氣，因此最早的生物並不是依靠呼吸氧氣維生；不僅如此，當時的地表上還受到來自外太空對生物有害的紫外線不斷照射，因此有科學家認為，地球上最早的生命體可能誕生在深海的熱泉噴孔附近。

當時大氣中的二氧化碳溶在水裡後，形成了碳酸根離子，然後再和鈣等其他元素結合，沉澱到海底去；於是，大氣中的二氧化碳就這樣逐漸被海洋吸收，陽光也開始直接照射到地表上，接著就有藍綠藻旺盛地進行光合作用，不斷地釋放出氧氣。

之後，藍綠藻仍持續地繁殖下去，最後幾乎佈滿了世界上所有的海洋表面。到了二十億年前，硫、鐵等礦物所能吸收的氧氣含量已完全達到飽和，多餘的氧氣便開始累積在大氣層當中。

經過一段很長的時間，大氣中的氧氣濃度慢慢地上昇，到了距今大約十億年前的時候，氧氣濃度終於達到百分之二十，幾乎和現在的大氣成分相同。隨著氧氣濃度的增加，地球上空開始形成臭氧層，擋住來自外太空的紫外線，使地球表面也逐漸變成一個適合生物居住的環境。

對藍綠藻來說，氧氣是進行光合作用後產生的廢物，而且還是一種容易產生化學反應的超級有害物質。不過，就像如果在有氧氣的環境下燃燒有機物，就會有大量的熱能產生一般，若生物讓氧氣產生化學反應的話，就能夠獲得許多能量。大氣中好不容易才累積了這麼多的氧氣，生物當然要好好利用，因此藍綠藻首先開始利用自己排出的氧氣，進行有氧呼吸；繼藍綠藻之後，進行有氧呼吸的好氧性細菌也開始急遽地增加。

⊙ 內共生學說

除此之外，還有一部分不能進行有氧呼吸的厭氧性細菌，即是將好氧性細菌捉到自己的細胞內，藉此獲得利用氧氣的技術，具有複雜構造的真核生物就這樣誕生了。一般認為，被吞入細胞內的好氧性細菌演化成了粒線體，藍綠藻則是演化為葉綠體。像這樣認為在構造單純的原核生物裡面還有其他的細菌一起共生，因而演化出真核生物的說法，就稱為《內共生學說》。

||||| 地球環境的變化

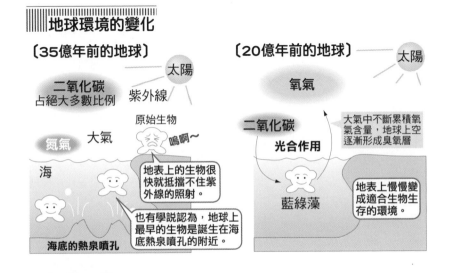

〔35億年前的地球〕

二氧化碳
占絕大多數比例

太陽

紫外線

原始生物

嗚啊～

氮氣 大氣

海

地表上的生物很快就抵擋不住紫外線的照射。

也有學說認為，地球上最早的生物是誕生在海底熱泉噴孔的附近。

海底的熱泉噴孔

〔20億年前的地球〕

太陽

氧氣

二氧化碳

光合作用

大氣中不斷累積氧氣含量，地球上空逐漸形成臭氧層

藍綠藻

地表上慢慢變成適合生物生存的環境。

||||| 內共生學說

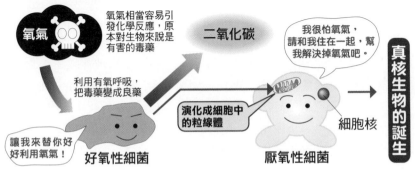

氧氣

氧氣相當容易引發化學反應，原本對生物來說是有害的毒藥

二氧化碳

利用有氧呼吸，把毒藥變成良藥

演化成細胞中的粒線體

我很怕氧氣，請和我住在一起，幫我解決掉氧氣吧

真核生物的誕生

細胞核

讓我來替你好好利用氧氣！

好氧性細菌

厭氧性細菌

從單細胞生物演化出多細胞生物
弱肉強食世界的來臨

⊘ 多細胞生物的和平時代

在這裡先回顧一下生物的歷史。在大約四十億年前左右，地球上開始有生物誕生；最初誕生的生物，都是單一細胞便可獨立存活的個體，即所謂的「單細胞生物」，一直要等到距今大約十五億年前左右，地球上才出現了由複數細胞形成集合體、一起共同生活的「多細胞生物」，時間上遠比單細胞生物要晚了許多。也就是說，自從生命誕生以來，超過四分之三以上的時間裡，地球上都只有單細胞生物的存在；這也表示著當初地球上的單細胞生物，並不急需著讓自己演變成多細胞生物。

到了距今大約六億五千萬年的前寒武紀後期，地球上才開始出現了幾十種多細胞生物。在南澳洲阿德雷得市北方大約五百公里處的埃迪卡拉丘陵，曾經發現了這個時代所遺留下來的奇妙生物化石，稱為「埃迪卡拉動物群」。雖然說是多細胞生物，但這些化石中都是一些長得像扁平葉子的狄氏水母、形狀像一把扇子的海鰓類動物和查尼爾蟲，還有一些長得像是水母或海綿的生物等等。

值得注意的是，這些生物全都不具有堅硬的外殼，因此可以推測當時應該是一個沒有掠食者的和平時代。雖然地球上開始出現了多細胞生物，但各個細胞之間應該仍未有明確的分工。

⊘ 掠食者出現

不過，到了距今大約五億七千萬年前的寒武紀初期，地球上突然出現了許多奇妙的多細胞生物。在加拿大落磯山脈的伯吉斯頁岩中，發現了許多這個時代的代表性化石，稱為「伯吉斯動物群」，當中可以看到有許多與三葉蟲類似的生物，全身包覆著堅硬外殼（參見右頁）。由此可知在這個時代裡，生物之間已經有了「掠食」和「被食」的食性關係，變成一個弱肉強食的世界。就這樣，各式各樣的多細胞生物開始陸續登場，為了生存而相互競爭，生物體也就演化得更加複雜了。

地球的歷史和生物的出現

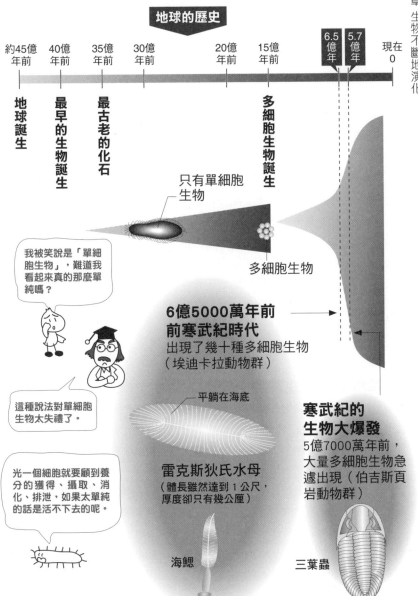

地球的歷史

約45億年前　40億年前　35億年前　30億年前　20億年前　15億年前　6.5億年　5.7億年　現在 0

地球誕生

最早的生物誕生

最古老的化石

多細胞生物誕生

只有單細胞生物

多細胞生物

我被笑說是「單細胞生物」，難道我看起來真的那麼單純嗎？

這種說法對單細胞生物太失禮了。

光一個細胞就要顧到養分的獲得、攝取、消化、排泄，如果太單純的話是活不下去的呢。

6億5000萬年前前寒武紀時代
出現了幾十種多細胞生物（埃迪卡拉動物群）

平躺在海底

寒武紀的生物大爆發
5億7000萬年前，大量多細胞生物急遽出現（伯吉斯頁岩動物群）

雷克斯狄氏水母
（體長雖然達到 1 公尺，厚度卻只有幾公厘）

海鰓

三葉蟲

55

寒武紀的生物大爆發
多細胞生物的爆炸性演化

⊙ 突然暴增的奇妙多細胞生物

寒武紀是古生代中的第一個時期（五億七千萬年前～五億五百萬年前，共六千五百萬年），此時多細胞生物的種類突然暴增，動物的種類和數量也跟著急遽增加，這個現象被稱為「寒武紀生物大爆發」，或簡稱為「寒武紀大爆發」。在前寒武紀時期，生物種類原本只有幾十種；但是到了寒武紀時期卻高達將近一萬種，生物可說是爆炸性地增加。

在落磯山脈的伯吉斯頁岩當中，埋藏著約五億三千萬年前寒武紀中期的生物化石，連生物體的柔軟部分也都保存得相當完好。

這些化石非常奇妙，尤其是身長只有七公分的岩蟲，不但有五個磨菇狀的眼睛，頭部前還伸出了一隻像是吸塵器管子般的管狀物，管子前端則隆起一塊像是鱷魚剪的剪刀狀器官。

此外，還有身體前半段像蝦子，後半段卻像魚的內克蝦；身體扁平，頭部長有一對觸手，身體部位長有一對腹鰭和尾鰭的阿米斯克毛顎蟲；長得像草鞋的歐東特格里菲斯蟲……等等，可以想像當時各式各樣的生物在海中翩翩悠遊的景象。

⊙ 因應環境而生的自我防禦措施

由於寒武紀大爆發的關係，除了上述那些奇妙的生物以外，出現了許多現在動物界中的主要類群；不僅如此，當時代所出現的動物體的基本設計圖（身體構造藍圖），甚至也一直傳承到了現在。舉例來說，像伯吉斯頁岩中發現到的加拿大蟲，便和現在的蝦子或螃蟹一樣都屬於節肢動物；此外，一般認為多須蟲即蠍子或蜘蛛的祖先，埃謝櫛蠶是昆蟲的祖先，斗蓬海綿是海星或海膽的祖先，皮凱亞蟲則是脊椎動物的祖先。

除此之外，這個時代也開始出現了靠捕食其他活體生物維生的「掠食者」，使得原本相當和平的海洋生態系產生了劇烈的轉變。實際上在寒武紀的化石當中，除了掠食者的化石之外，也發現了許多受傷獵物的化石。

曾經就有三葉蟲化石的甲殼上有被咬傷的痕跡，一般認為是被一種稱為「奇蝦」（「奇妙的蝦子」之意）的動物所咬傷；奇蝦身長可達六十公分，是寒武紀中最大的掠食者。

　　為了自保，有一些被食者動物的身上出現了堅固的外殼，也有的是利用尖刺來武裝自己。例如威瓦西蟲在橢圓形的身體上不但披覆著鱗片，背部也長出許多有如劍山一般的長刺；而怪誕蟲則是在圓筒狀的身體上長了七對朝上的長型尖刺。

▓▓▓▓伯吉斯頁岩動物群

岩蟲
體長約7公分

如同大象鼻子般的神奇器官

有5個眼睛

身上有15個環節，各環節都在身側長有一對鰭

加拿大蟲
〔現今蝦子或螃蟹的祖先〕
體長約7.5公分

擁有兩片貝殼狀的背甲

8對步足

奇蝦
體長約60公分，寒武紀初期體型最大的肉食動物

嘴部有如鳳梨的輪狀切口，用以攻擊獵食三葉蟲等生物

身上分成14個環節

多須蟲
〔現今蠍子或蜘蛛的祖先〕
節肢動物，名字的含意為「神聖之爪」，體長約6公分

齒迷蟲
體長約6公分
名字為「長著牙齒的謎團」之意，長得像草鞋

圓形嘴部周圍長著25根像牙齒的突起物

皮凱亞蟲
〔脊椎動物的祖先〕
體長約5公分，形狀長得和原索動物中的文昌魚一模一樣

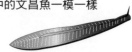

沿著背部有一條神經（脊索）以及Z字形的神經分節

生物之間的親緣關係

人類的身上也有鰓！？

🔸 重演演化過程的「胚胎發育重演律」

人類身上的「腮」指的是臉部的雙頰，不過事實上，人類原本也有個像魚一樣的「鰓」。這或許令人難以置信，可是懷在媽媽肚子裡的胎兒，在某個時期身形曾經一度長得像魚的形狀，並且真的長有鰓。不過，這個鰓沒有任何使用的機會，就會在發育過程（從受精卵長為成熟個體）中慢慢退化消失。

德國的動物學家海克爾（一八三四～一九一九）調查了各種動物的胎兒形狀，發現無論是哪一種動物的胎兒，在胚胎發育初期的時候，外形都非常相似。這個現象給了海克爾靈感，使他建立了所謂的「胚胎發育重演律」，認為動物從受精卵到完全發育的過程（個體發育），即是將過去所歷經的演化（系統演化）再重演一遍。

🔸 以胎兒形狀區分生物的親緣關係

舉例來說，如果依照個體發育的過程去看鮭魚（魚類）、烏龜（爬蟲類）、雞（鳥類）和人類（哺乳類）的胎兒形狀，便會發現無論是哪一種生物，胎兒都會有一段長得很像魚類的時期，不但身上都有鰓，而且雖然沒有手腳，卻會有長長的尾巴。隨著胎兒不斷地發育，每一種生物才會逐漸表現出物種的特性，例如烏龜的胎兒身上會出現龜殼等等。因此，如果像這樣去比較各種動物胎兒形狀的相似程度，就會實際感受到「人類確實和其他脊椎動物擁有親緣關係（即外表和性質相似，有演化上的關係）」。不僅如此，人類和猴子的胎兒即使到了快要出生的時候，形狀還是非常類似，從這一點就可以看出「人類和猴子的親緣關係相當接近」。反過來說，人類和魚類在胚胎發育的早期階段，胎兒形狀就已經長得不一樣，因此可以知道「人類和魚類的親緣關係相差較遠」。

以往生物之間的親緣關係，都是人類自己加以區分（人為分類），後來則利用了上述比較胎兒形狀的方式，以自然的方法（自然分類）來重新

決定生物間的親緣關係，而製作出了能夠用以表示生物親緣關係的「系統樹」（參見本頁圖解）。

不過，隨著各種生物的基因體解讀工作不斷地進行，現代的科學家開始利用比較基因鹼基序列的方式，來判斷生物之間的親緣關係；相較於上述比對胎兒形狀差異的方法，這種方法較可避免個人主觀意見的干擾。今後，只要透過各種物種基因的比對，就可以更精確地得知生物之間的親緣關係。

‖‖‖海克爾的重演律和脊椎動物的胚胎形狀

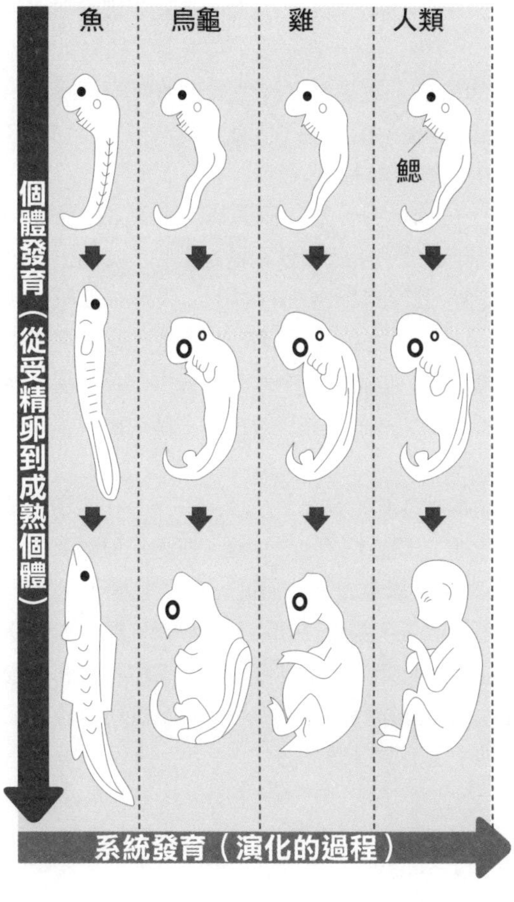

| 魚 | 烏龜 | 雞 | 人類 |

鰓

個體發育（從受精卵到成熟個體）

系統發育（演化的過程）

‖‖‖系統樹

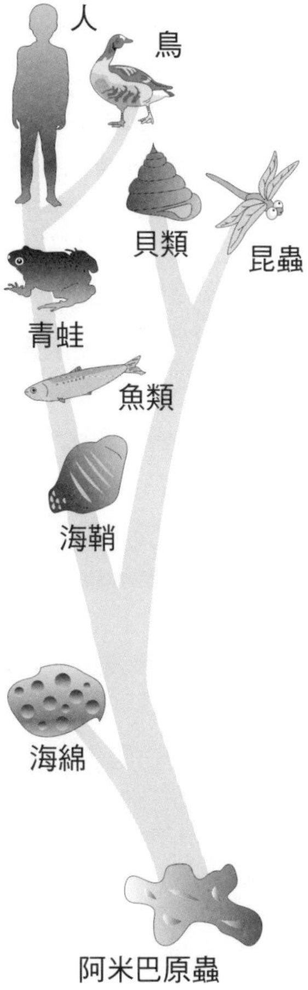

人

鳥

貝類

昆蟲

青蛙

魚類

海鞘

海綿

阿米巴原蟲

生物陸續登上陸地
植物一馬當先，動物遠遠落後

◯ 植物率先登陸，其他動物接踵而至

　　以地球四十五億年的歷史來看算是只隔了「不久」的五億年前，紅褐色的陸地上只有岩石、沙子和塵土，以及照射到地表上的強烈紫外線，完全沒有植物的蹤跡，更別說是動物了。不過，隨著海中植物不斷地進行光合作用並排出氧氣，地球上空形成了臭氧層，照射到地表的紫外線因此減弱，使得海中植物可以生存在靠近水面的地方，同時也創造了植物得以登上陸地的機會。

　　一般推測最早登上陸地的植物，應該是從綠藻演化而成的苔蘚類植物。不過，由於至今尚未發現苔蘚植物的化石，因此仍無法得知植物究竟是在什麼時候、以及用什麼方法登上陸地的。

　　現今所發現最古老的陸上植物化石，是一種稱為「光蕨」的蕨類植物，存在於距今約四億兩千萬年前的古生代志留紀地層當中。這種植物高度大約一公分，構造非常單純，既沒有根也沒有葉子，只是一堆植物的莖。不過，植物成功「登陸」之後，在很短的時間內陸地上就出現了森林；在植物開始登陸的三千萬年後，也就是距今大約三億九千萬年前的泥盆紀中期，水邊也開始長有石松類、木賊、蕨類等植物，甚至出現了比人還要高上許多的蕨類植物。

　　在植物登陸之後，很快地動物也開始登上了陸地。首先，在四億一千年前的古生代泥盆紀初期，陸地上出現了原始的蜘蛛、昆蟲和貝類動物。像蜘蛛或昆蟲這些節肢動物，身上都包覆著一層防水的外骨骼，因此上了陸地之後不但體內的水分不易散失，還可以利用外骨骼來支撐身體的重量；此外，牠們還擁有以前在海底行走的足部，就連呼吸方法也沒有什麼改變，可以很快從原本的水中環境適應陸地上的環境。這或許可以說，節肢動物本來就擁有適合在陸地上生活的身體構造。

植物可是陸上生物的前輩呢。

嘿嘿～

➲ 脊椎動物歷經長久的演化才得以登陸

　　不過，同樣是為了登陸，脊椎動物就不得不改變原本的身體構造，例如必須改變移動的方式，從游泳改變成步行；還要有堅固的內骨骼，以支撐身體的重量；呼吸方法也要從原本的腮呼吸轉變成肺呼吸；為了防止水分散失，也必須要演化出表皮才行。

　　就像這樣，在距今三億六千萬年前的泥盆紀末期，脊椎動物終於成功地登上陸地，比昆蟲晚了快五千萬年。在格陵蘭島東部的岩山中所發現目前最古老的陸上脊椎動物「魚石螈」，是由和肺魚、腔棘魚同一類（肉鰭魚類）的真掌鰭魚演化而來的，同時也是最古老的兩棲類動物。魚石螈和鱷魚一樣，是以水陸兩棲的方式生活在熱帶地區的濕地附近。

||||||生物的登陸

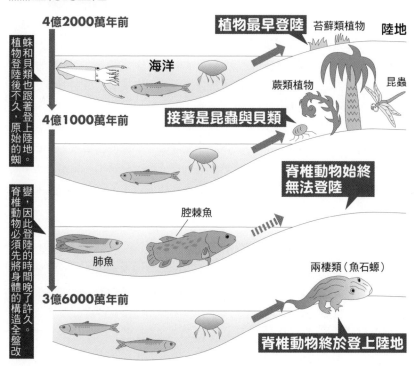

鳥類是恐龍的後代子孫
顛覆對恐龍的印象

⊙ 鳥類為恐龍的殘存後代

　　在距今大約兩億兩千五百萬年前的中生代三疊紀時，恐龍正式在地球上登場，並且維持了大約一億六千萬年的繁榮時期，直到在六千五百萬年前的中生代白堊紀末期滅亡為止。人類最早出現在地球上的時間大約為距今五百萬年前，如此算來，恐龍活躍於地球上的時間至少長達人類歷史的三十倍。

　　一般似乎在恐龍滅亡之後，存活下來的動物當中與恐龍最為接近的動物是鱷魚，不過真相到底如何呢？在一般人的想像中，暴龍或恐爪龍等肉食性恐龍的動作應該都很敏捷，光是這一點就和身為變溫動物、幾乎一動也不動的鱷魚相差甚遠；不但如此，在恐龍還活躍於地球上的時期，鱷魚就已經存在於地球上，因此鱷魚不太可能是恐龍殘存的後代。

　　那麼，現今地球上到底還有沒有恐龍的殘存後代呢？不知是否有人曾在博物館中看過暴龍的腳爪，是不是會覺得看起來很像雞爪呢；而令人意外地，恐龍的後代的確就是鳥類。前幾年，在位於中國東北部一處距今約一億四千七百萬年到一億兩千五百萬年前的地層當中，發現了幾個保存狀態良好的恐龍化石，其中就有一種恐龍全身上下都被覆著羽毛。科學家研究了牠的骨骼架構以後，發現這是一種肉食恐龍，屬於和奔龍相近的新品種，被命名為雙冠龍。如果這種恐龍就是鳥類的祖先，那麼在演化上就證明了鳥類長出羽毛並不是為了要飛翔，而是為了維持體溫。

⊙ 恐龍是否為溫血動物的爭議

　　如果鳥類真的是恐龍的後代子孫，那麼恐龍就不像鱷魚一樣屬於變溫動物，而應該像鳥類一樣屬於恆溫動物，即使天氣變冷了，也可以維持自己的體溫。實際上，目前已經發現了許多狀況證據來支持這個理論，像是小型肉食恐龍可以從事變溫動物無法做到的高度活動，例如狩獵、群居、孵蛋等等；此外，隨著世界各地不斷進行著恐龍化石的挖掘，科學家也得

知了某些恐龍甚至生活在當時的南極地區。

　　像這種認為恐龍是恆溫動物的「溫血學說」，目前還有許多爭議之處。不過，隨著新的恐龍化石不斷被挖掘出來，相信現代人對於恐龍的想像也會跟著有所改變。

恐龍的歷史

人類誕生

2億2500萬年前

6500萬
年前

500萬
年前

現在

恐龍的時代

▲恐龍登場

▲恐龍滅亡

恐龍活躍於地球上的時間，
是人類歷史的30倍

恐龍是鳥類祖先的證據為何？

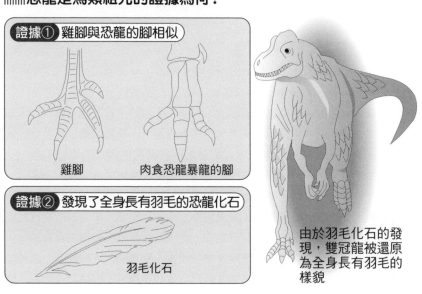

證據① 雞腳與恐龍的腳相似

雞腳　　　　肉食恐龍暴龍的腳

證據② 發現了全身長有羽毛的恐龍化石

羽毛化石

由於羽毛化石的發現，雙冠龍被還原為全身長有羽毛的樣貌

發生生物大滅絕的原因
是因為火山？還是隕石？

◎ 地球曾發生四次生物大滅絕

關於恐龍消失的原因，目前最廣為流傳的說法為在距今約六千五百萬年前的中生代白堊紀末期，有一顆巨大的隕石撞擊了地球，因而造成恐龍滅絕。不過，實際上包含這次在內，過去地球上曾歷經了四次的生物大滅絕。

其中規模最大的一次，發生在距今約兩億五千萬年前的古生代和中生代之間。當時住在海中的無脊椎動物（沒有背脊的動物）大約死了百分之九十左右，許多住在陸地上的脊椎動物（如爬蟲類等）也都幾乎絕種，而活了三億年的三葉蟲便是在此時滅絕的。除此之外，最近科學家才發現，原來早在這次大滅絕的一千數百萬年前，地球上也發生過一次生物滅絕；換句話說，古生代末期的生物大滅絕，其實分成兩個階段進行。至於發生大滅絕的原因，目前最有力的說法是地球在這一千數百萬年間出現了兩次異常的火山活動，使得地球整體呈現缺氧狀態，才會造成生物大滅絕。

◎ 大滅絕為週期性發生

如果仔細檢視一下生物大滅絕的發生時間，便會發現這些時間點並非毫無規則，而是以大約兩千六百萬年做為一個週期，不斷重複發生。因此，便有人開始思考生物大滅絕的原因是否來自於宇宙，認為有一顆未知的星球，每隔兩千六百萬年就會運行到太陽附近，攪亂聚集了眾多彗星的地方，造成部分彗星撞擊地球，引發地球內部產生劇烈的環境變化。不過，由於目前仍未發現那顆未知的星球，這種說法也只是一種假說罷了。

此外，在中生代末期的生物大滅絕時，恐龍也並非在隕石撞擊地球的短短幾天之內就全數滅絕。根據美國蒙大拿州及加拿大卑詩省所進行的研究顯示，白堊紀最後的兩百萬年之間，恐龍的數量就已經慢慢在衰退中，在最後的三十萬年時，滅絕速度才突然加快。有趣的是，相較於恐龍種類開始減少，這個時期所發現的哺乳類化石卻有逐漸增加的趨勢。此外，從

世界各地所發現的證據也顯示，有一部分的恐龍甚至一直存活到了新生代初期。

不過，雖然目前並不廣為人知，但現代生物的絕種情況比起中生代末期的大滅絕，速度上遠遠要來得快多了。根據看守世界研究中心的研究，在恐龍時代生物滅絕的速度約為一年消失一到三種物種；相較之下，現代即使是大略估算，一年少說也有一千種生物瀕臨絕種。以這種速度發展下去，數十年之後，現今地球上所有物種恐怕有四分之一都將完全絕跡。

生物大滅絕的週期

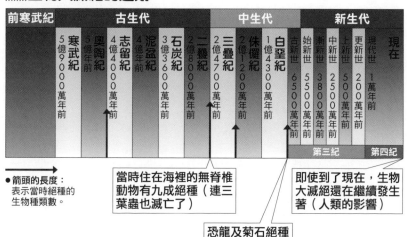

前寒武紀	古生代						中生代			新生代						

● 箭頭的長度：
表示當時絕種的生物種類數。

當時住在海裡的無脊椎動物有九成絕種（連三葉蟲也滅亡了）

即使到了現在，生物大滅絕還在繼續發生著（人類的影響）

恐龍及菊石絕種

生物大滅絕的原因

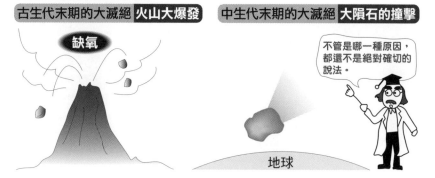

古生代末期的大滅絕 火山大爆發

缺氧

中生代末期的大滅絕 大隕石的撞擊

不管是哪一種原因，都還不是絕對確切的說法。

地球

各式各樣的演化論
「用進廢退說」和「物競天擇說」

⊙ 生物的演化難以研究

在生物學各種領域的研究當中，最為困難的就是證明生物的演化，因為要想在實驗室的試管當中重現演化的過程，是一件極為困難的事情。雖然生物學家可以利用生命週期比較短的微生物進行實驗，使其在試管中產生演化，可是像「大象的鼻子是如何變長」等大型動物的演化過程，終究還是無法以試管來進行研究；另一方面，演化需要歷經許多的時間，即使一個人花上一輩子的時間，也不可能從頭到尾完整地觀察某種生物的演化過程。雖然生物學家現在還可以利用電腦來模擬生物的演化，但是實際發生在自然界中的演化情形，也不見得會和電腦的模擬結果一模一樣。

⊙ 達爾文的演化論蔚為主流

由於演化的研究有這些限制，研究學家們紛紛提出了各種演化論的「假說」。

第一位提出較有科學根據的演化論者，是法國的博物學家拉馬克（一七四四～一八二九），他主張生物經常使用的器官會變得更為發達，而且單一生物個體所獲得的特徵，也能夠藉著遺傳承繼給後代子孫（即「用進廢退說」），例如長頸鹿的脖子和大象的鼻子等等。

除此之外，英國的博物學家達爾文（一八〇九～一八八二）曾搭乘海軍的測量船「小獵犬號」，航經南美洲、澳洲以及南太平洋上的島嶼，途中在加拉巴哥群島上觀察到許多奇妙動物，並且注意到島上如象龜等動物，即使是近親物種之間，外型也會隨著每座島而有些許的不同。因此，達爾文在一八五八年發表了自己獨特的演化論「物競天擇說」，主張由於父母親生下太多小孩，小孩之間為了生存便會彼此競爭，而只有擁有適合生存的遺傳變異者才能夠存活下來，繼續繁衍後代，生出擁有相同特性的子孫。「物競天擇說」經過了部分的修正之後，目前已經成為了演化論的主流思想。

||||||生物的演化難以證明的原因

① 生物的演化需要歷經一段很長的歷史時間，只靠人的一輩子無法完整觀察

人的一生

➡ 演化所需的時間比人的一生要長得多，規模浩大

② 大型動物的演化過程無法在試管中重現

大象的鼻子為什麼會變長？

不可能在試管中重現大象的演化

→ → → →

不管怎麼努力擠，都不可能把大象塞到試管裡面

||||||拉馬克和達爾文的演化論

拉馬克的「用進廢退説」

為了吃到高處的葉子而努力伸長脖子，使得脖子愈變愈長，而這個特徵也遺傳到後代子孫身上。

卡滋卡滋

短脖子的長頸鹿

好想吃樹上的葉子啊。

達爾文的「物競天擇説」

① 突變

但是我可以活得比較久。

居然生出了一個怪頭小孩！

天擇

② 生存競爭

擁有突變基因所造成某種特徵的小孩，在生存競爭當中存活下來，突變的基因也因此代代遺傳下去。

重點解說

拉馬克認為「後天獲得的特徵可以遺傳給後代子孫」，而達爾文受到其影響，部分採納了拉馬克的演化論中關於「獲得特徵的遺傳機制」的說法。不過，達爾文的演化論被後人進一步發展成為「新達爾文主義」，其中便完全不認同拉馬克「獲得特徵的遺傳」之理論。

從猿猴身上看人類的演化

猿猴和人類的相異之處為何？

◆ 人類與猿猴幼兒的相似性高

不知道為什麼，紅毛猩猩和大猩猩的嬰兒都長得和人類很像，可是一旦發育成熟後，額頭就會凸出，下巴也會較為發達，長相變得和人類差很多。因此，便有一種說法認為人類或許是人猿維持著幼兒形態發育成熟（這種現象稱為「幼形遺留」）後所演化而成的。

實際上，剛出生的人類嬰兒在發育上比起猿猴還要更不完全，頭蓋骨會有一陣子不會癒合，但人類的腦部也因此可以發達到比猿猴大上四倍，並比猿猴多了幾百萬倍的記憶空間。

那麼從基因的層面來看，人類和猿猴究竟有多大的差別呢？其實，人類和黑猩猩之間的基因差異不過才百分之一‧二三，但在這些差別當中，應該留著一些和「人類演化」有關的基因證據。說不定有一些基因，就是和直立站著以兩腳步行、腦容量增加、智能發展或語言能力有所相關。

◆ 比較基因體尋求解答

另一方面，人群和猿猴群中的種內變異（同種生物之間的差異）卻有很大的差別。舉例來說，黑猩猩的種內變異高達百分之○‧五，但人類的種內變異卻只有百分之○‧一至百分之○‧一五左右，也就是黑猩猩的種內變異是人類的四倍之多。透過比較人類和猿猴的基因體，或許就可以為「種族是什麼？」這個根本性的問題找到解答。

在日本，人類和猿猴基因體比較研究的進行，是由日本國立遺傳學研究所的齋藤成也博士等人、以及物理化學研究所基因體科學研究中心的榊佳之博士等人所主導，研究成果相當令人期待。由於人猿基因體「Ape genome」的開頭字母 A 和 g 合在一起，即為元素表中「銀」的代號「Ａｇ」，因此日本國立遺傳學研究所的研究計畫就被命名為「銀計畫」。

▌▌▌▌猿猴與人類的差異

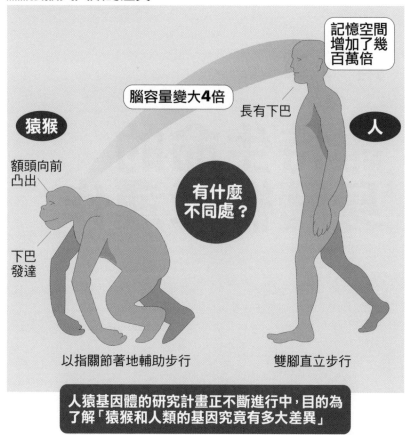

記憶空間
增加了幾
百萬倍

腦容量變大**4**倍

長有下巴

猿猴

人

額頭向前
凸出

有什麼
不同處？

下巴
發達

以指關節著地輔助步行

雙腳直立步行

人猿基因體的研究計畫正不斷進行中，目的為
了解「猿猴和人類的基因究竟有多大差異」

人類和黑猩猩的ＤＮＡ
鹼基序列之間，差異不
過才1.23%而已。

這樣一來，那1.23%的
基因當中一定就含有區
分猿猴和人類不同的重
要基因囉。

第 4 章

維持生命的
身體機能運作

嗯～烤肉真好玩耶～！森林的空氣很新鮮，烤肉也很好吃，讓人有一種「活著真好」的滿足感呢。

 的確，吃東西和呼吸都是生命活動的基本條件。現在吃的烤肉，會變成你的血和肉；呼吸到的空氣，則會變成身體活動的能量。

 又開始講一些難懂的東西了……只要跟一般人一樣說一聲「烤肉真的很好吃」就好了嘛……

 不不不，現在說的可是非常重要的事情。我們在第44頁學到了「細胞也有死亡的一天」，既然如此，要是身體沒有拿進新材料、製造出新細胞的話，你現在就不可能活在這裡了；如果不靠呼吸來製造能量的話，你的身體就無法活動囉。

 原來我可以正常地「從昨天活到今天、從今天活到明天」，是件這麼了不起的事啊～開始有點興趣了。

 在這一章裡講到的東西有點困難，不過簡單說起來，就是「細胞做了些什麼，才能讓生命存活下去」這件事情。

體內物質因不斷更換而得以維持

體內的化學變化

❷ 攝取養分以製造身體的新物質

　　「十年後的自己」和「現在的自己」會是相同的嗎？或許有人會認為當然是相同的。然而只要是身體的物質，像是皮膚或肌肉、甚至骨頭這種乍看之下一輩子都不會改變的東西，幾乎都會不斷地消耗、分解、排出體外，然後被新產生的物質所取代。

　　因此從物質的觀點看來，「十年後的自己」和「現在的自己」幾乎是完全不同的。由於連腦中的物質也會不斷更新，因此除了身體上的變化之外，就算十年後的想法變得完全不一樣，也不是什麼不可思議的事。

　　為了讓身體可以製造出新的物質，生物必須要攝取食物或養分。以動物為例，身體會先將食物消化、轉化成其他物質之後，細胞再利用來製造新的物質，形成骨頭或肌肉等等。

　　那麼，為什麼不吃魚類肉類的素食者，身體也能製造出骨頭和肌肉呢？製造骨頭的物質主要是磷酸鈣，但是這種物質除了存在於骨頭之外，也存在於各種食物當中，像是牛奶等乳製品或小松菜等葉菜類食物，因此即使不吃小魚乾或肉類，身體也可以獲得鈣質。換句話說，人體並非將吃下去的食物直接拿來使用，而是將食物轉化為所需的成分後，再製造成新物質。

||||| 何謂「身體保持不變」？

現在的我　　　　　　　10年後的我

10 年後

雖然看起來沒有什麼改變，但以物質上來說已經完全不一樣了

「身體保持不變＝身體的物質完全相同」是錯的！由於身體會不斷地製造新物質、同時丟掉老舊的東西，身體才能夠保持不變。

➡ 以酵素進行代謝

從外界攝取進來的物質，會在體內轉換成其他物質，這個過程就稱為「代謝」。在代謝作用中，有些反應會將某些物質分解成更小的物質，稱為「分解代謝」；有些反應則會將數種物質組合成為一種物質，稱為「合成代謝」。

除此之外，像岩石、機械這些無生物並不會進行代謝作用，因此一般認為「會進行代謝」是屬於生物的特徵之一（但也有一些不會進行代謝的特例，如休眠中的植物種子）。

既然如此，生物體內又是如何進行代謝作用的呢？人體為了要分解或合成物質，必須要靠「酵素」的幫忙，在下一節中會有更詳細的說明。不過簡單說起來，酵素的功用就是和各個特定的物質相互結合、使其分解，或是讓兩種以上的物質結合在一起。透過這些酵素的幫忙，人體才能破壞老舊的物質並排出體外，同時又能合成出新的物質來進行代換。

||||| 食物轉變為肌肉和骨頭

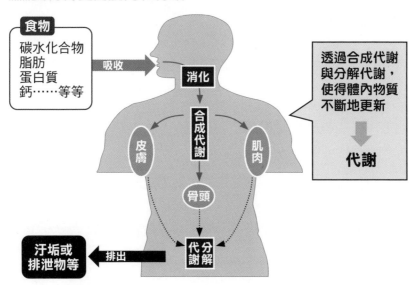

酵素不只是清潔劑而已
酵素的功能

◐ 酵素是引發體內化學反應的觸媒

　　一般人似乎只要一聽到「酵素」這兩個字，就會聯想到清潔劑中的化學藥品。不過，酵素不僅可以洗掉汙垢，在人體中也擔負著許多功能，無論是呼吸、運動、甚至是消化食物，只要體內有物質需要進行化學反應、轉化成其他物質的時候，就必須靠酵素來幫忙才行。

　　舉例而言，人類隨時都在吸入空氣中的氧氣、吐出二氧化碳，此時酵素就發揮了相當重要的功能。當體內累積的碳水化合物開始分解的時候，其中所含的碳便會和呼吸進來的氧氣結合、產生二氧化碳；在這個化學反應當中，便需要靠各種不同功能的酵素當做觸媒，才能使整個反應順利進行。最重要的一點是，酵素只會幫助化學反應的進行，但本身並不參與反應，因此無論是在反應前或是反應後，酵素本身都不會發生改變。

◐ 酵素即蛋白質

　　為什麼像這樣的化學反應一定要靠酵素來幫忙呢？以下就以燃燒的紙當做例子說明。紙的化學成分主要是含碳的纖維素，如果要讓紙中的碳和空氣中的氧氣發生化學反應、相互結合，周遭的環境就一定要保持在幾百度的高溫之下；同樣地，如果我們的身體當中沒有酵素，為了要引發各種化學反應，身體就必須加熱到幾百度才行，不過這是不可能的事，因此為了讓化學反應在體溫（三十六度左右）的環境下也能順利進行，就一定要靠酵素的幫忙。

　　酵素的真面目其實就是蛋白質，在肉類、魚類及豆類當中，都有很豐富的蛋白質含量。當肉類和魚類經過燒烤之後，蛋白質就會變質，無法再復元；同樣地，酵素也很怕熱，只要一接觸到高溫的環境，就會馬上失去功能，再也無法回復原狀。

74

▓▓何謂酵素反應

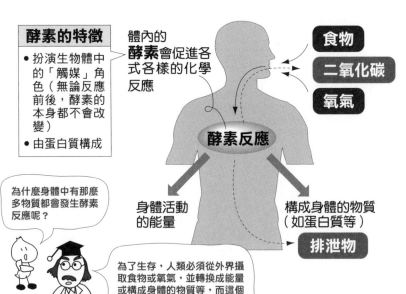

酵素的特徵

- 扮演生物體中的「觸媒」角色（無論反應前後，酵素的本身都不會改變）
- 由蛋白質構成

體內的**酵素**會促進各式各樣的化學反應

食物

二氧化碳

氧氣

酵素反應

為什麼身體中有那麼多物質都會發生酵素反應呢？

身體活動的能量

構成身體的物質（如蛋白質等）

排泄物

為了生存，人類必須從外界攝取食物或氧氣，並轉換成能量或構成身體的物質等，而這個轉換的過程就是酵素反應。

▓▓幫助化學反應的酵素

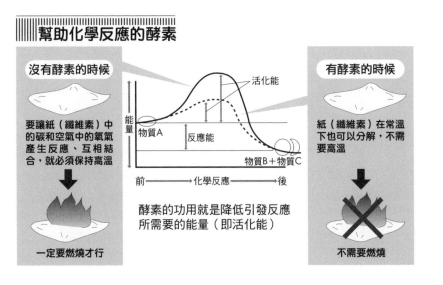

沒有酵素的時候

要讓紙（纖維素）中的碳和空氣中的氧氣產生反應、互相結合，就必須保持高溫

一定要燃燒才行

活化能

能量

物質A

反應能

物質B＋物質C

前 ──── 化學反應 ──── 後

酵素的功用就是降低引發反應所需要的能量（即活化能）

有酵素的時候

紙（纖維素）在常溫下也可以分解，不需要高溫

不需要燃燒

人體有兩種不同的「呼吸」

外呼吸與內呼吸

⏩ 人體進行的呼吸有兩種

　　無論是清醒或睡眠的時候，我們都會在無意識下一直呼吸著。人類透過呼吸的動作，吸入空氣中的氧氣，並呼出二氧化碳，由於這個動作是在肺部進行，所以稱為「肺呼吸」；此外，這個動作同時也讓外界和肺部之間能夠進行氣體交換，所以又被稱做「外呼吸」。

　　不過除此之外，人體中還存在著另外一種呼吸，即在細胞中所進行的「細胞呼吸」。這是指細胞將有機物加以分解並從中取得能量的過程，為了與外呼吸有所區別，所以又稱為「內呼吸」。在內呼吸的過程中，細胞內的碳水化合物或脂肪等有機物會被氧化、分解並產生能量，而這些能量則會被用於製造一種稱為「ＡＴＰ」的化學物質。當生物在進行運動、生長、物質合成等維持生命的各種活動時，便是以ＡＴＰ做為能量的提供來源。（關於ＡＴＰ，在下一節將會有更詳細的說明）

⏩ 內呼吸的三個階段

　　接著就以葡萄糖代表碳水化合物為例子，來看看內呼吸的過程。透過內呼吸，葡萄糖（$C_6H_{12}O_6$）會被分解成二氧化碳（CO_2）和水（H_2O），過程中會連續發生許多化學反應，而每個化學反應都是透過個別不同的酵素輔助進行。這些化學反應大致可分為以下三個階段：①糖解作用、②檸檬酸循環（克氏循環、三羧酸循環）、③電子傳遞鏈。

　　糖解作用指的是葡萄糖被分解成丙酮酸的過程，主要在細胞質中進行；不過接下來的檸檬酸循環和電子傳遞鏈，則都在粒線體中進行。當丙酮酸進入粒線體之後，會先轉化成檸檬酸，之後再依序陸續轉化成各種物質而被逐漸分解，同時產生二氧化碳。除此之外，在糖解作用及檸檬酸循環中還會產生氫，最後這些氫會透過電子傳遞鏈和氧氣結合並產生水。在電子傳遞鏈的過程中，會釋放出大量的能量，而這些能量就被細胞用來生產ＡＴＰ。

呼～
呼～

一跑步就會氣喘吁吁，原來是因為人體正透過呼吸來製造跑步時所需的能量呢。

|||||外呼吸和內呼吸

外呼吸

O_2

CO_2

內呼吸

細胞內的有機物被氧化、分解

葡萄糖等

有機物 + O_2 細胞

→ CO_2 + H_2O

|||||內呼吸（細胞內的呼吸）中的化學反應

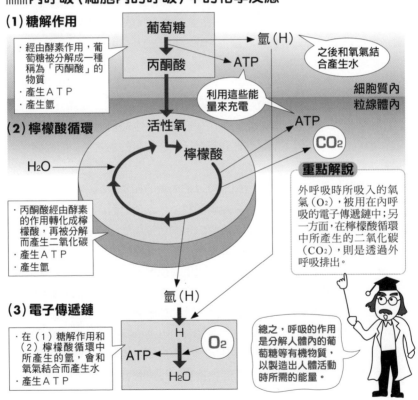

（1）糖解作用

葡萄糖 → 氫（H）

・經由酵素作用，葡萄糖被分解成一種稱為「丙酮酸」的物質
・產生ＡＴＰ
・產生氫

丙酮酸 → ATP

之後和氧氣結合產生水

利用這些能量來充電

細胞質內
粒線體內

（2）檸檬酸循環

活性氧

檸檬酸

H_2O →

ATP

CO_2

・丙酮酸經由酵素的作用轉化成檸檬酸，再被分解而產生二氧化碳
・產生ＡＴＰ
・產生氫

重點解說

外呼吸時所吸入的氧氣（O_2），被用在內呼吸的電子傳遞鏈中；另一方面，在檸檬酸循環中所產生的二氧化碳（CO_2），則是透過外呼吸排出。

氫（H）

（3）電子傳遞鏈

・在（1）糖解作用和（2）檸檬酸循環中所產生的氫，會和氧氣結合而產生水
・產生ＡＴＰ

H

O_2

ATP ←

H_2O

總之，呼吸的作用是分解人體內的葡萄糖等有機物質，以製造出人體活動時所需的能量。

能量貨幣「ATP」
生命活動所需的能量來源

⊙ ATP可存取及轉換能量

前一節所提到的ATP，究竟是一種什麼樣的化學物質呢？它的正式名稱叫做「三磷酸腺苷」，是由腺嘌呤核苷和三個磷酸根所組成。而所謂的「腺嘌呤核苷」，是由核酸中的一種鹼基「腺嘌呤」以及醣類之一的「核糖」兩者互相結合所產生的物質。

有機物被分解之後，會產生許多化學能量，但因為生物體無法直接利用這些能量，便會先暫存在ATP當中，之後再依照不同的需要，從ATP中取出原先儲存的能量，運用在生命活動上。ATP不但可以儲存能量，還可以依照需求來轉換能量，因此也有人把ATP比喻成金錢，稱做「能量貨幣」。

⊙ 由高能磷酸鍵釋放出能量

這樣說來，這些化學能量又是儲存在ATP中的何處呢？在ATP的結構當中，藏有一個可以比其他物質儲存更多能量的祕密──即磷酸根之間的結合。

在磷酸根彼此之間的結合中，可以把大量的能量封鎖在相互連結的地方，而這個連結處就被稱為「高能磷酸鍵」。ATP有兩個高能磷酸鍵，需要化學能的時候，其中一個高能磷酸鍵就會被切斷，從中釋放出能量，ATP便會轉變成ADP（二磷酸腺苷）和一個磷酸分子。

只要給予ADP能量的話，就會再度合成出ATP，因此能如此不斷地重複使用。此外當需要更多能量的時候，兩個高能磷酸鍵就會同時被切斷，使ATP轉變成AMP（單磷酸腺苷）和兩個磷酸分子。

其實除了ATP之外，還有其他物質可以進行特殊的能量存放活動，然而ATP最大的特徵在於各式各樣的生命活動（如運動、物質合成等）都會利用到它，所以才會擁有「能量貨幣」的稱號。

ATP的流通方式

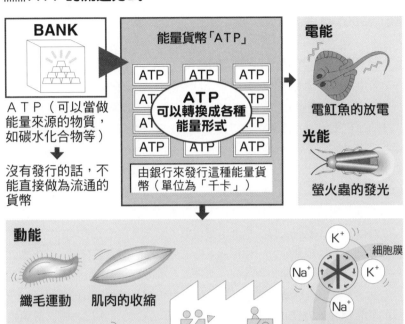

BANK

能量貨幣「ATP」

| ATP | ATP | ATP |

ATP 可以轉換成各種能量形式

ＡＴＰ（可以當做能量來源的物質，如碳水化合物等）

沒有發行的話，不能直接做為流通的貨幣

由銀行來發行這種能量貨幣（單位為「千卡」）

電能

電魟魚的放電

光能

螢火蟲的發光

動能

纖毛運動　肌肉的收縮

鞭毛運動

生物體高分子的合成（蛋白質或醣類的合成）

K^+　細胞膜

Na^+　K^+

Na^+

物質運輸：細胞膜上的主動運輸

ATP的化學結構

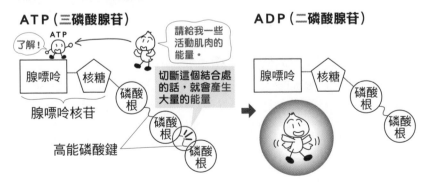

ATP（三磷酸腺苷）

了解！ATP

請給我一些活動肌肉的能量。

腺嘌呤　核糖　磷酸根

腺嘌呤核苷

切斷這個結合處的話，就會產生大量的能量

磷酸根　磷酸根

高能磷酸鍵

ADP（二磷酸腺苷）

腺嘌呤　核糖　磷酸根　磷酸根

為何有些人是不易瘦的體質？

關於節儉基因

◉ 節儉基因使現代肥胖者增加

在日本文部省外圍團體「日本學校保健學會」所發表的一九九八年度〈兒童學生健康狀態之監督成果報告書〉當中，調查結果顯示有百分之八十九‧四的女高中生都希望可以瘦下來，還有百分之四十八‧六的女高中生正在減肥；不過，研究人員檢查其血液中的膽固醇含量，卻發現高達百分之二十二的女高中生都屬於「高膽固醇」族群（即每一百毫升的血清中含有超過兩百毫克以上的膽固醇）。從這份資料可以看出，即使注意每一餐的卡路里拚命減肥，也不一定就可以瘦身成功。

那麼，為什麼有人每天吃低卡路里餐，卻還是無法減肥成功呢？事實上，減肥能不能順利進行，和每個人的遺傳以及生活習慣有關。接下來就先來談談有關遺傳方面的因素。

為了在缺乏食物時不會餓死，人體擁有一種「減少消耗的能量、把多餘的能量保留在身體中」的能力。像是日本人由於自古以來時常遭遇饑荒，所以很多人身上都帶有節儉基因，例如 $\beta 3$ 腎上腺素受器的突變型基因就是其中之一。如果身上帶有這種基因，脂肪細胞內就不容易發生脂肪分解，因此脂肪就會不斷地累積在脂肪細胞當中。根據最近的調查結果，三個日本人當中就有一個人身上帶有這種節儉基因。

這種 $\beta 3$ 腎上腺素受器的突變型基因，雖然在饑荒挨餓的時代一直擔負著相當重要的功能，但是在現今這樣食物充足的時代裡，反而成為肥胖症病人增加的原因。

◉ 睡眠與作息影響肥胖甚鉅

接著來看生活習慣對肥胖的影響。現代人經常電視、電影看到三更半夜、或是打電動打得太晚等作息不正常，使得睡眠時間大幅減少；令人意外的是，「睡眠不足」和「肥胖」之間其實有顯著的關連性。

「生長激素」就如同其名一樣，是一種和身體生長有關的荷爾蒙。俗

話說「小孩多睡覺才會長得快」，正是因為這種生長激素在白天分泌得很少，晚上睡覺時卻會大量分泌，所以要是睡眠不足的話，生長激素的分泌量就會減少。如此或許會使人誤以為「既然睡眠不足會讓身體無法成長，那就不會變胖了」，但這其實是一個錯誤的觀念，因為在夜間的脂肪分解過程中，生長激素也扮演著相當重要的角色，若是生長激素的分泌量變少，脂肪就會不斷地累積在身上。

因此，如果想要順利減肥的話，除了飲食要加以控制之外，還必須要有充分的睡眠、保持正常的生活作息才行。

‖‖‖遺傳是瘦不下來的原因之一

‖‖‖睡眠不足就會瘦不下來

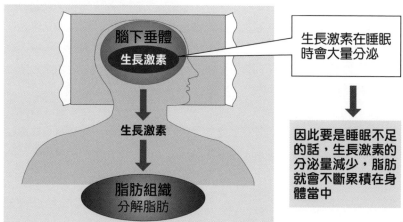

植物的葉子為什麼會是綠色的

光合色素和光的吸收

◎ 葉綠素使植物葉子呈現綠色

一般來說，植物的葉子大多是綠色的。這是為什麼呢？

植物的葉子之所以是綠色，其實和光合作用有關。植物當中如葉子、莖等照得到太陽的部位，都含有一種形狀長得像橄欖球、稱做「葉綠體」的構造，當中充滿著許多稱為「葉綠素」的綠色色素，因此植物看起來便是綠色的。

如果用各種顏色的光線來照射葉綠素，便可發現葉綠素會吸收紅光和藍光，但卻幾乎不會吸收綠光；這是因為葉綠素會將吸收到的紅光和藍光有效地利用在光合作用上，但是卻幾乎不會使用到綠光。因此，當太陽光照射在葉子上的時候，就只有紅光和藍光會被吸收掉，而綠光則會穿透葉子或是被反射出來，所以在我們的眼睛看來，葉子便是綠色的。

◎ 植物也含有其他種色素

不過，植物界中也有很多葉子不是綠色，比如說一年到頭都是紅色的聖誕紅葉子，還有些植物的葉子到了秋天就會轉成紅色或黃色；除此之外，就連海藻也不只有綠色的綠藻，其他還有藍色的藍藻、紅色的紅藻，甚至是咖啡色的褐藻。像這樣的例子實在不勝枚舉，而這些植物之所以會呈現出各種不同的顏色，其實是和植物細胞當中所含的色素種類有關。

這些植物當中都含有葉綠素，但是隨著種類的不同，還會各自另外含有一些特殊色素。例如藍藻除了葉綠素以外，還含有一種稱為「藻藍素」的藍色色素，所以看起來會是藍偏紫色；同樣地，紅藻含有一種稱做「藻紅素」的紅色色素，褐藻則含有一種叫做「藻黃素」的橘黃色色素，所以看起來便是紅色和褐色。

另一方面，綠色的葉子之所以會轉變成紅色，是因為葉綠素被分解掉，使綠色逐漸消退，同時葉子當中又會製造出花青素、樹棕質等這些紅色色素來。除此之外，綠葉之所以轉為黃色，則是因為即使葉綠素被分解

掉之後，葉子當中還剩下了黃色色素（胡蘿蔔素），所以葉子看起來就會是黃色的。

||||| 葉子看起來是綠色的原因

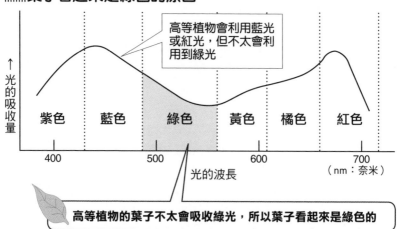

高等植物會利用藍光或紅光，但不太會利用到綠光

↑
光的吸收量

| 紫色 | 藍色 | 綠色 | 黃色 | 橘色 | 紅色 |

400　　　　　　500　　　　　　600　　　　　　700
　　　　　　光的波長　　　　　　　　　（nm：奈米）

高等植物的葉子不太會吸收綠光，所以葉子看起來是綠色的

||||| 葉子變色的原理

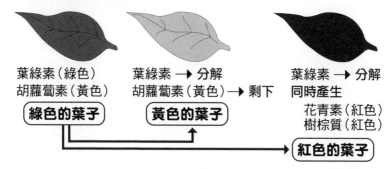

葉綠素（綠色）
胡蘿蔔素（黃色）

綠色的葉子

葉綠素 → 分解
胡蘿蔔素（黃色）→ 剩下

黃色的葉子

葉綠素 → 分解
同時產生
　花青素（紅色）
　樹棕質（紅色）

紅色的葉子

即使葉子不是綠色的植物，都還是擁有葉綠體吧。

嗯，你說的沒錯。

不過像香菇這種真菌類生物，雖然乍看之下像是植物，但其實並不擁有葉綠體，無法自己製造養分，只能從其他植物的根或土壤中吸收取得，並把養分加以分解、獲得能量，才能繼續存活下去。

83

光合作用的原理
如果在房間中放置許多植物會如何？

◆ 光合作用分為光反應和暗反應

　　近來，愈來愈多家庭會在房間裡擺上觀葉植物，做為屋內裝潢的點綴。由於植物會吸收空氣中的二氧化碳並且製造氧氣，或許很多人便會認為「把植物放在房間裡就可以淨化空氣」。不過再怎麼說，植物並不是為了人類才製造出氧氣的。

　　植物進行光合作用，是為了將無機物轉換成有機物，以做為自己的營養來源；也就是說，植物把空氣中的二氧化碳和根部吸取的水分當做材料，製造出葡萄糖等碳水化合物，再把自己不需要的氧氣排放到空氣中。

　　接著就來看看有關光合作用的進行。「光合作用」就如同其名，是指植物利用光來合成有機物的過程，其中又可以分成光反應和暗反應；透過這兩種反應之間的搭配，就可以製造出有機物。

◆ 植物也會進行呼吸作用

　　前一節所提到的葉綠素，在光反應的過程中扮演著非常重要的角色；一旦光照到這種色素上，根部所吸收的水分就會開始分解，製造出氧氣、氫氣和ＡＴＰ；此時氧氣對植物來說是不需要的廢物，因此會被排放到外面去。接著在暗反應之中，光反應所製造出的氫氣和ＡＴＰ便會驅動「卡爾文循環」的進行；卡爾文循環會利用空氣中的二氧化碳製造出碳水化合物，再運送到植物的各個組織做為養分。此外，由於光合作用主要是利用水和二氧化碳來製造出有機物和氧氣，所以一般人很容易誤認為植物是分解二氧化碳以生成氧氣，但這其實是一個錯誤的觀念。事實上，植物釋放出的氧氣是從水的分解中產生的。

　　光反應的速度會受到光線強度的影響；另一方面，由於暗反應是由各種不同的酵素反應連續發生所組成的，便會受到溫度和二氧化碳（碳水化合物的材料）濃度的影響（注）。因此對觀葉植物而言，房間的窗邊不但光線充足、溫度較高，空氣中二氧化碳濃度也容易升高，可說是具備了良

（注）雖然暗反應也會受到光線的影響，但無論外界是亮是暗，暗反應都會發生。

好的光合作用條件。

然而,「植物會進行光合作用,產生氧氣以淨化空氣」這個觀念其實隱藏著一個很大的陷阱。當大白天光線非常充足的時候,植物會進行光合作用,不斷地製造出氧氣,可是到了幾乎沒有光線的夜晚時,植物就無法進行光合作用;不但如此,植物為了生存也會進行呼吸作用,和人類一樣吸進氧氣、排出二氧化碳。植物在白天其實也會呼吸,但是由於光合作用的進行比呼吸作用更為旺盛,氧氣的釋放量遠遠超出植物自己的吸收量,人們就很容易忽略了「植物也要呼吸」的這個事實。因此,如果在室內擺了太多觀葉植物,到了晚上就會產生很多二氧化碳,反而會使室內的空氣愈來愈渾濁。

‖‖‖光合作用的光反應和暗反應

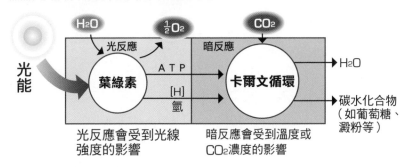

光反應會受到光線
強度的影響

暗反應會受到溫度或
CO_2濃度的影響

‖‖‖植物也要呼吸

由於植物會吸收二氧化碳、放出氧氣,便容易被誤以為能夠淨化空氣

然而,植物在晚上不行光合作用,只會進行呼吸作用

第**5**章

身體和情緒
息息相關

當我看到那個女孩的瞬間，心臟一直砰砰跳個不停……這種感覺大概就是「戀愛的滋味」吧！

那是因為當你看到那個女孩的時候，腦部接受到外來的刺激，進而分泌出神經傳導物質，才會使你心跳加速。

又是生物學！？難道你就沒有更好的建議了嗎，像是叫我趕快告白之類？

說的也是。那麼如果你告白失敗被甩了的話，再來找我商量吧，我可以在你的處方箋中開一種芳香精油，對身心舒壓很有效喔。

不理你了！氣得我頭都要冒煙了。

抱歉抱歉，這麼一說反而讓你更激動了。不過這樣你應該就更能體會到，自己的身體和心理居然會對外來的刺激產生這麼大的反應。

是什麼在控制著感情反應？

用「心」感受？用「腦」感受？

◑ 腦部活動影響動物的感情反應

人類的「心靈」究竟位在哪裡？現代人大概都會回答「當然是位在大腦中」。

不過古埃及人卻不這麼認為，他們認為人類的「心靈」並非存在於腦部，而是在心臟，最好的證據就是當他們製作木乃伊的時候，似乎對腦部並不重視，直接就將死者的腦部丟棄掉；除此之外，基督教也留下了許多宗教畫，描繪著上帝將人類的心臟放在天秤上，藉以判斷這個人在生前是好人還是壞人。不過隨著時代的進展，如今人人都對「人類的『心靈』存在於大腦中」這件事不會有所懷疑。

曾有生物學家以老鼠和猴子進行實驗，發現只要這些動物腦中的某一部分開始活化，牠們就會呈現心情愉快的狀態；反之如果這個部分不容易活化，動物就會呈現憂鬱狀態。除此之外，現今也會利用ＭＲＩ（核磁共振影像技術）來觀察人類腦部的活動狀態，因此更能詳盡得知腦中的哪些部分受到刺激時，人類會呈現出什麼樣的感情。

◑ 其他器官也會分泌神經傳導物質

那麼，人類體內到底是由什麼東西在控制著感情呢？現今的生物學家認為，感情會受到一種由神經細胞分泌、稱為「神經傳導物質」（參見九十八頁）或「腦荷爾蒙」的化學物質所影響。事實上，生物學家已經得知一種叫做「血清素」的神經傳導物質如果分泌量太少，動物就會呈現憂鬱的狀態。

目前，生物學家已經得知有許多化學物質都屬於神經傳導物質的一員，而且除了神經細胞以外，像心臟、消化器官等許多內臟也會分泌各式各樣具有神經傳導物質功用的化學物質。更有趣的是，有些內臟所分泌的物質，居然和腦中分泌的化學物質是一樣的。

舉例來說，心臟會合成並分泌出一種稱做「心房利鈉尿胜肽」的荷

爾蒙，而腦中也會分泌一種非常類似的化學物質。除此之外，消化器官（胃、小腸等）所製造出的腸胃道荷爾蒙之中，有一些化學物質也可以在腦中被製造出來，稱為「腦腸肽」，主要的功用是維持細胞之間的聯繫。

如此說來，說不定心臟或是胃、腸等消化器官也和頭腦一樣，擁有自己的感情和思想。不過，這個問題仍有待今後生物學進一步地研究。

||||||探索心靈的真面目

神經生理學家的研究

利用猴子和老鼠的腦來研究「心靈位於腦部的何處？」

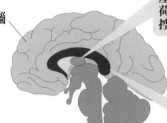

大腦

扁桃體
調整伴隨著情緒變化而產生的自律反應、以及荷爾蒙的分泌量，同時控制整體的情緒反應。

海馬體
掌管記憶的地方，保存在這裡的記憶會影響一個人的情緒變動、學習和欲望等。

控制血清素的分泌量

分子生物學家的研究

研究腦神經細胞所分泌的神經傳導物質及其受器

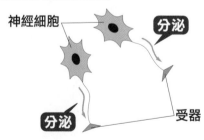

神經細胞

分泌

受器

分泌

神經傳導物質之一的血清素，會帶給人充實感與精神上的安全感

我的情緒應該全部都是頭腦在掌控的吧？

嗯～雖然情緒大部分都和腦部有關，不過就像大家常說「肚子餓了就容易生氣」，我們也不能完全否定「心情會受到身體影響」的可能性。

壓力帶給身體的影響

病由心生

⊙ 壓力容易造成過敏性疾病的發生

壓力會引發各式各樣的疾病。舉例來說，在身心遭受到各種壓力的時候，免疫系統的平衡會因而瓦解，此時人體就比較容易發生一些過敏性疾病（如氣喘、異位性皮膚炎等）。

曾有研究人員針對大約兩百名的氣喘病患進行問卷訪問，調查他們第一次氣喘發作時的生活環境，發現約有九成的人在第一次氣喘發作的前一年，都經歷過一些生活環境上的變動（剛上幼稚園或剛入學、結婚或再婚、配偶過世、退休等）；此外，比起只接受內科治療（如服用藥物），同時接受身心治療的病人，療效明顯提高很多（參見下表），這項調查結果也證實了上述經驗會造成身心壓力，並成為氣喘發作的原因之一。

此外，一份針對八百名異位性皮膚炎病患的調查報告也指出，其中有超過一半到三分之二的病人，會因為壓力而使病情更加惡化。

不僅如此，也曾有實驗證實了「壓力會影響人類的免疫系統（參見一百五十六頁）」。日本研究人員在國家護理檢定考試的前一個月和前一天，分別採集了護理學校學生的血液，測量血液中一種和過敏反應有關、稱為「組織胺」的荷爾蒙濃度，結果發現大部分的學生愈是接近考試時間，組織胺濃度就會愈高。從這些事實看來，可以得知心理上的問題和過敏性疾病之間並非完全無關；因此，當醫生在治療過敏性疾病的病人時，除了用藥物治療之外，對於病人的精神層面也應給予適當的治療。

⊙ 要正視並減輕壓力

只要是人，身上一定會有一些無法根除的壓力來源，例如職場上的人際關係、考試、父母親過世等。除此之外，平常責任感愈強、愈認真的人，似乎就愈不容易去正視自己身上的壓力；如果在不自覺的情況下不斷累積壓力的話，就會使原本的異位性皮膚炎或過敏性疾病更加惡化。「減

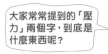

大家常常提到的「壓力」兩個字，到底是什麼東西呢？

不管是生理上的負擔還是心理上的負擔，只要會對身心造成不好的影響，我們就把這些影響的原因統稱為「壓力」。

輕壓力」有一個最重要的原則，就是要好好地檢視自己的日常生活，發覺自己身上有哪些壓力；除了要學習接受壓力的存在之外，也可以透過芳香療法或改變生活型態（像是週末時放鬆一下、專心做自己有興趣的活動）等方式，來減輕自己的壓力。

||||| 氣喘的治療方法及其治療效果之比較

日本國立精神暨神經研究中心國府台醫院副院長吾響晉浩的調查結果

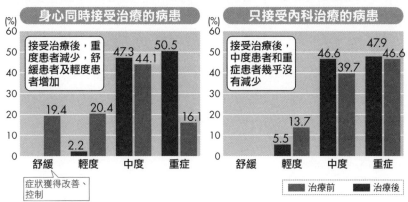

身心同時接受治療的病患

接受治療後，重度患者減少，舒緩患者及輕度患者增加

19.4　2.2　20.4　47.3　44.1　50.5　16.1
舒緩　輕度　中度　重症

症狀獲得改善、控制

只接受內科治療的病患

接受治療後，中度患者和重症患者幾乎沒有減少

5.5　13.7　46.6　39.7　47.9　46.6
舒緩　輕度　中度　重症

■ 治療前　■ 治療後

||||| 造成壓力的原因

身體上的壓力
通勤、通學、馬拉松等劇烈運動

精神上的壓力
受欺侮、家暴、調職、公司重整、夫妻吵架

壓力太沉重，我撐不住了。

壓力的種類雖然不同，但是在身體上都會引發類似的反應
▼
免疫力下降、睡眠不足等等

消除壓力的方法

最好的方法，就是根除壓力來源

芳香療法

興趣

音樂療法

保持心理健康（心理諮詢）

視覺的運作機制

「透明人」的眼睛看不見

🔹 物體因折射、反射或吸收光而能被看見

　　如果可以變成透明人的話，你最想做什麼事情呢？像是跑到洗澡間去偷窺？雖然這只是個趣味性的舉例，不過難得能夠毫無顧忌地跑到洗澡間偷看，卻突然變成了一個眼睛看不見的瞎子，應該很令人大失所望吧；因為事實上，透明人雖然可以讓別人都看不到他，但相對地自己也會什麼東西都看不見。這是為什麼呢？

　　在解釋透明人的眼睛為什麼看不見之前，先簡單說明一下眼睛到底是怎麼「看見東西」的。以透明的玻璃板和木板為例，由於玻璃板能夠被光線所穿透，所以眼睛很難清楚地看見玻璃板；而木板因為會反射並吸收光線，所以眼睛可以清楚地看到木板。不過，光線在空氣中和在玻璃板中的折射率有著些微的差異，透過玻璃板的邊緣看東西時，就會覺得東西扭曲變形了，因此只要集中注意力，眼睛還是可以看見玻璃板的存在。簡單地來說，眼睛之所以可以看見物體，是因為那件物體會反射光線、吸收光線、或是使光線產生折射。

　　換句話說，透明人的身體必須要完全不會折射、反射或吸收光線，才能讓大家都看不到他。

　　除此之外，普通人覺得光線太亮時，可以馬上閉起眼睛來擋住光線；不過若是透明人、而且假設眼睛看得見的情況下，由於連眼皮都是透明的，光線擋都擋不住，就會被光線照得很刺眼。不僅如此，光線還會從四面八方照射進透明人的眼睛，使視網膜接收到來自各種方向的光線，這樣一來眼睛就無法順利聚焦成像，透明人也就什麼東西都看不到了。

🔹 眼睛要能吸收光線才能擁有視覺

　　根據次頁圖解「眼睛的構造」，光線進入眼睛之後，會經由水晶體折射，並在視網膜上聚焦成像。視網膜上面有「桿狀細胞」和「錐狀細胞」兩種感光細胞，裡面有吸收光線的感光物質。這些感光物質只要吸收到光

線，感光細胞就會受到刺激，並經由視神經把這些刺激訊息傳到大腦的視覺中樞。眼睛一直要等到運作至這個階段時，才能真正地看到東西。

　　透明人要想看得見東西，眼睛就要能吸收得到一部分的外來光線，也因此眼睛必須要是黑色的。事實上，的確有一種叫做「玻璃貓」的魚類全身透明，唯獨眼睛部分是黑色。

||||| 透明人的眼睛會是什麼樣子？

||||| 眼睛的構造

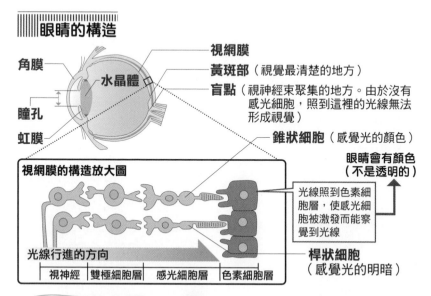

神經系統的原理和功用

神經是一種電路

⊙ 只需傳送刺激訊息的「神經內傳導」

當手不小心碰到滾燙鍋子的時候，幾乎所有人都會在摸到鍋子的一瞬間突然感覺到「好燙！」，而趕緊把手縮回來；如果在這時候動作還慢吞吞的話，手可能就會嚴重燙傷了。從這個例子可以得知，人體中到處都分布著神經網絡，只要哪裡一有異常，人體就可以立刻做出反應。

接下來便要看看受到刺激的時候，體內的神經要如何傳送訊息。當神經受到刺激而被激發的時候，會將刺激傳向兩端，就如同鐵棒正中央受到敲擊時，震動會傳到鐵棒的兩端一樣。若將神經想像成一根中空的鐵管，當神經尚未被激發的時候，神經外側的鈉離子（Na^+）含量會比內側要多；相對地神經內側則會含有比較多的鉀離子（K^+），此時如果測量看看神經內外的電位差，就會發現神經內側帶的是負電位，而這個負電位就稱為「靜止電位」。

在原本靜止電位的情況下，如果對某一部分的神經施加刺激，該部分就會被激發，使得神經外側的鈉離子大量且急速地流進神經內側。由於鈉離子帶正電，神經內側的電位就會急速升高，從原本的負電位上升到接近零電位（去極化），甚至會一度變成正電位（正二十～五十毫伏），此時的電位就稱做「動作電位」。不過，接下來神經內側帶正電的鉀離子也會被釋放到神經外面，動作電位便會急速下降，回復到接近原本靜止電位的電位值。

神經受到刺激所引發的動作電位，並非如同電流在導體（如銅線）中流動一般，由電流直接在神經中流動；而是當神經的某一部分產生動作電位時，附近的神經也會立刻受到影響而引發動作電位，接著更遠的神經又會再接繼跟著引發，如此一路將刺激訊息向外傳導出去，就像跳波浪舞一樣。由於神經只需傳送刺激訊息引發動作電位，不需花費力氣傳送任何物質，因此神經的傳導速度可謂相當地快速（大約每秒五十～一百公尺）。

◐ 不同神經之間的「神經間傳遞」

前述雖然提到單一神經內的刺激傳導會同時傳往兩個方向，不過當神經上的刺激要傳遞到另一條神經的時候，卻只能單一方向地進行，這個現象被稱做「神經間傳遞」，需要透過化學物質的交換來傳遞訊息。傳送端的神經末梢具有許多稱為「突觸小泡」的小囊，當刺激訊息到達此處時，這些小囊就會破裂，將囊中一種叫做「乙醯膽鹼」的神經傳導物質釋放到神經細胞外。

另一方面，接收端的神經細胞則具有一種叫做「突觸後神經膜」的構造，就接在傳送端神經之後，上面具有乙醯膽鹼受器。當這些受器接收到乙醯膽鹼時，接受端的神經細胞就會被激發而產生動作電位，繼續將刺激訊息傳導至整條神經中的各個部位。

‖‖‖神經內的刺激傳導為雙向式

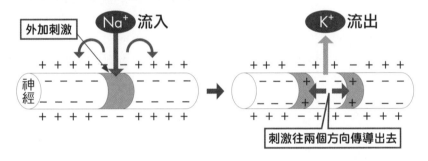

‖‖‖神經之間的刺激傳遞為單向式

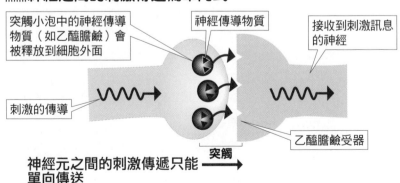

荷爾蒙是體內的通訊方式之一

經由荷爾蒙傳遞訊息

⊃ 人體細胞間的三種傳訊方式

人體大約是由六十兆個細胞所構成的。在各個細胞之間，會進行各式各樣的訊息交換，而體內也提供了三種管道以傳遞這些訊息，即「神經」、「荷爾蒙」以及「神經內分泌」。如果用日常生活中的物品來比喻的話，神經就像電話，荷爾蒙就像信件，而神經內分泌就像是傳真機。

透過神經來傳遞訊息就像是打電話一樣，可以在極短的時間內把訊息傳給對方；荷爾蒙則和廣告傳單信件有許多共通之處。假設寄件者（內分泌器官）一次寄出很多張廣告傳單（荷爾蒙）給很多人（器官），當這些郵件投進郵筒之後，郵局人員（血液或體液）會把這些信件集中起來，依照目的地分類後再寄送到各地去。收件者中如果有對廣告商品產生興趣者（目標器官），就會跑去購買（對荷爾蒙產生反應），而沒興趣的人（對荷爾蒙不會產生反應的器官）就會把傳單給扔掉。

通常信件寄出之後，對方要過幾天才收得到信；而荷爾蒙也是一樣，需要花上一段時間，目標器官才會出現一些生理上的變化。

神經內分泌跟傳真機的概念一樣，可以瞬間把訊息傳到對方附近，不過一直要等到對方接受到訊息之後，整個訊息傳遞的工作才算告一段落。

⊃ 「荷爾蒙」的定義

由於荷爾蒙是一種「化學物質」，所以利用荷爾蒙來傳遞訊息時必須花上一段時間，相較於利用電訊號來傳遞刺激的神經，兩者在訊息傳遞的機制上有很大的差異。「荷爾蒙」（Hormone）這個名詞是由二十世紀初的英國生理學家貝里斯和史達靈所提出的，語源為希臘文中的「激發」（hormao）一字。

一般來說，荷爾蒙的定義為：①由體內的特定器官（內分泌器官）所

當大腦要把訊息傳到全身時，會依照情況的需求使用不同的傳遞方法。緊急時用神經來傳遞，可以慢慢來的訊息就用荷爾蒙來傳遞。

在日常生活中，事情也會分成「必須快點講」和「可以慢慢講，但要說清楚」等種種的情況呢。

製造；②由血液運輸；③微量即可產生作用；④只作用於體內的特定器官（目標器官）；⑤是一種化學物質。不過，現在有愈來愈多的情況，並不會刻意去強調荷爾蒙和其他生物活性物質之間的差異；但是，當要特指在神經之間傳遞訊息用的化學物質時，通常會稱為「神經傳導物質」，而不會叫做「荷爾蒙」。

▏▏▏人體內傳遞訊息的三種模式

如果把身體中的訊息傳遞媒介比喻成日常生活中的物品……

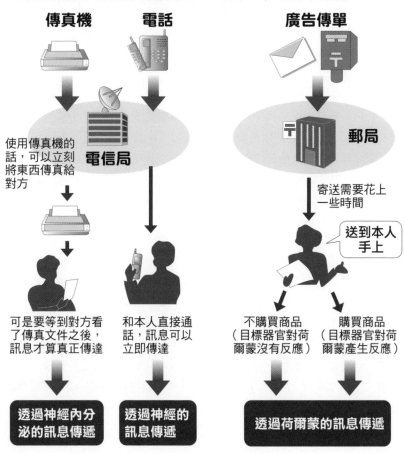

傳真機　**電話**　　　**廣告傳單**

使用傳真機的話，可以立刻將東西傳真給對方

電信局

郵局

寄送需要花上一些時間

送到本人手上

可是要等到對方看了傳真文件之後，訊息才算真正傳達

和本人直接通話，訊息可以立即傳達

不購買商品（目標器官對荷爾蒙沒有反應）

購買商品（目標器官對荷爾蒙產生反應）

透過神經內分泌的訊息傳遞

透過神經的訊息傳遞

透過荷爾蒙的訊息傳遞

自律神經系統的功能
人體中的通訊電纜

⊙ 人體具有「恆定性」

無論天氣是熱是冷，人體內的環境（如體溫、血糖量等）通常都會保持在一個穩定的範圍內（「恆定性」的維持）；為此，便有各式各樣的荷爾蒙及自律神經擔負著重要的功能。

「自律神經」是一種不受人的意志所控制的神經（不隨意神經），其功能為自動調節肌肉和內分泌器官的運作狀態。自律神經系統中包含交感神經系統和副交感神經系統，兩者末端均會連接到各個內臟，在運作當中一面相互保持著平衡。

⊙ 交感神經系統與副交感神經系統

交感神經系統從間腦（大腦和中腦的中間部分，其中又分成視丘和下視丘）出發，延伸到各個內臟、皮膚血管、汗腺和豎毛肌等處；另一方面，副交感神經系統也是由間腦出發，連接到動眼神經、顏面神經以及迷走神經等。其中迷走神經的控制範圍非常廣泛，包括頸部、心臟、肺部，甚至及於腹部的內臟（胃、肝臟、胰臟、小腸、腎臟）。

交感神經的末端會分泌一種稱為「正腎上腺素」的神經傳導物質，在化學結構及功用方面均與荷爾蒙之一的腎上腺素非常相似，其功用是將刺激傳送到交感神經所管理的內臟。另一方面，副交感神經的尾端則會分泌神經傳導物質乙醯膽鹼，一邊與交感神經取得平衡並作用於各種臟器上。

人體在突然受到驚嚇的時候（例如差一點被車撞到），會出現臉色蒼白、瞳孔放大、心臟劇烈跳動、全身起雞皮疙瘩等反應；之後還會因為唾液暫時減少使食物不易通過喉嚨、以及消化液分泌和腸胃運動受到抑制等原因，而變得沒有食慾。這一連串的變化都是因為交感神經運作所產生的現象，一旦冷靜下來之後，副交感神經就會開始運作並與交感神經取得平衡，臉色和食慾就會回復正常了。

||||||人體的體溫和血糖會維持穩定

無論天氣熱或冷
體內的環境（如體溫或血糖量）都會保持穩定
⬇
「恆定性」的維持

||||||自律神經的運作

	血壓	瞳孔	消化液的分泌	支氣管	心跳速度	腸胃運動	表面微血管	豎毛肌
交感神經	上升 ⬆	放大	抑制 ⬇	擴張 ←→	加速	抑制 ⬇	收縮 →←→	收縮
副交感神經	下降 ⬇	縮小	促進 ⬆	收縮	抑制	促進 ⬆	—	—

因為有自律神經巧妙地取得平衡，體內的環境才得以保持穩定

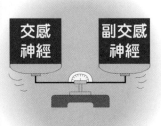

交感神經和副交感神經真是一對最佳拍檔呢。

要是這對拍檔失常的話，人體的平衡就會瓦解。如果病情更嚴重的話，病人甚至會一直處在極度興奮或憂鬱的狀態。

人體中血糖濃度的調節
神經與荷爾蒙攜手合作

⊃ 體內血糖量會維持在一定範圍內

　　人體血液中的葡萄糖濃度（血糖）通常會保持在百分之〇・〇八到〇・一之間（即一毫升血液中含有〇・〇八～〇・一克葡萄糖），飯後的血糖則會上升到百分之〇・一二到〇・一三；除非因為糖尿病等因素，否則血糖通常不會超過這個範圍。另一方面，雖然空腹時血糖會下降，但卻幾乎不會低於百分之〇・〇五以下。如果血糖低於百分之〇・〇三，就會引起痙攣反應或呈現昏睡狀態，危及生命安全，因此體內必須隨時維持血糖的穩定。當血糖降低時，間腦下視丘的血糖調節中樞就會被激發，並將刺激傳到交感神經或腦垂腺，使其分泌各種荷爾蒙。

⊃ 使血糖上升與下降的生理機制

　　此時，交感神經會刺激腎上腺髓質，使其分泌一種稱為「腎上腺素」的荷爾蒙，促使原本累積在肝臟的肝醣被加速分解，血糖就會因此上升。

　　另一方面，腦垂腺受到刺激時，就會促進生長激素和促腎上腺皮質素（ＡＣＴＨ）的分泌。生長激素會促進肝醣的分解，使血糖增加；而促腎上腺皮質素則會影響腎上腺皮質，促使其分泌出一種稱為「糖皮質素」的荷爾蒙，可將蛋白質轉換成醣類，使血糖上升。

　　此外，胰臟也具有偵測血糖的功能；人體處於低血糖狀態時，胰島（胰臟中的蘭氏小島）的Ａ細胞（或稱做「α細胞」）就會促進升糖素的分泌。升糖素的功能和腎上腺素及生長激素相同，都可以加速肝醣的分解，使血糖增加。

　　當血糖增加的時候，下視丘的血糖調節中樞就會察覺，再透過副交感神經刺激胰臟。不過即使沒有副交感神經的刺激，胰臟本身也能直接偵測出血糖是否過高。之後，胰島的Ｂ細胞（或稱做「β細胞」）會分泌出一種稱為胰島素的荷爾蒙。胰島素會作用於肝臟、肌肉、脂肪組織等處，一面促使身體細胞利用並消耗血液中的葡萄糖，一面促使肝臟將葡萄糖合成

為肝醣，血糖便能因此降低。

在自然界中，生物幾乎不會因為吃得太飽而煩惱，會如此的大概也只有人類吧。當血糖過低的時候，為了確保血糖能夠上升，生物體中都預備了多種安全對策，因此血糖不容易降得太低。不過，當血糖上升過快時，人體內卻只有胰島素這種荷爾蒙可以讓血糖下降，因此一旦胰島素由於某些原因而無法合成、分泌不足的時候，就會立即造成危害到人體健康的疾病，例如糖尿病等。

||||||血糖量的調節（低血糖的情況下）

➡️ 交感神經的運作流程
••••▶ 腦垂腺的運作流程

下視丘

血糖不夠！
快想想辦法！

ACTH和生長
激素發射！

腎上腺素
發射！

腦垂腺前葉

交感神經

促腎上腺皮質素
（ACTH）

腎上腺髓質

糖皮質素

生長激素

腎上腺皮質

蛋白質

蛋白質會轉化成
醣類

肝醣被分解成
醣類

腎上腺素

肝醣

葡萄糖

血糖量
增加

肝臟

升糖素

胰島A細胞

用以影響其他對象的
化學物質費洛蒙

人類也有費洛蒙嗎？

◎ 動物身上含有各種影響同種生物的費洛蒙

說到「費洛蒙」，很多人立刻會聯想到迷魂藥之類的東西，似乎給人相當強烈的性愛色彩印象，但費洛蒙究竟是什麼東西呢？此外，「荷爾蒙」和「費洛蒙」聽起來非常地相似，兩者之間又有什麼差異呢？

費洛蒙是一種化學物質，負責傳遞同種生物個體之間的訊息。而荷爾蒙和費洛蒙最大的差別在於，生物體內製造的荷爾蒙，只能在單一個體的體內發生作用；費洛蒙則會被釋放到體外，藉以影響其他同種生物。

在費洛蒙當中，除了雄性或雌性動物用來吸引另一半的「性費洛蒙」之外，還有螞蟻向同伴傳達食物位置的「路標費洛蒙」、螞蟻和蜜蜂向同伴通報危險的「警告費洛蒙」、蟑螂招集同伴時發出的「集合費洛蒙」等等。

此外像老鼠、豬之類的哺乳類，身上也有「性費洛蒙」的存在。舉例來說，如果把幾隻母的小白鼠養在一起，牠們的發情期就會比較晚來；如果有公鼠在的話，母鼠的發情期則會提早到來。此外，就算處在沒有公鼠的環境下，只要在籠子裡灑上一點公鼠的尿液，尿中所含的費洛蒙也會讓母鼠提早發情。不僅如此，年輕母鼠第一次排卵的時間，也會受到其他母鼠的尿液影響而延後，或是因為公鼠的尿液而提前。此外，生物學家還觀察到一個現象：剛受精的母鼠如果接觸到其他公鼠、或是聞到其他公鼠的體味，受精卵就不會在子宮上著床，而使懷孕中途停止；但母鼠聞到當初交配的公鼠尿味時，卻不會引發這種現象。換句話說，母鼠可以分辨出交配的公鼠和其他公鼠在氣味上的差別。

另外，如果發情中的母豬身旁有公豬的話，母豬便會壓低背部、搖晃耳朵，並且一直待在原地不動。這個現象稱做「配種反應」，是母豬打給公豬的一種信號，表示牠現在可以進行交配。目前已知公豬的吐氣中含有

的麝香味，是促使發情母豬出現配種反應的一個重要因素；公豬的唾液腺會分泌兩種性費洛蒙，均與一種稱為睪固酮的男性荷爾蒙（類固醇激素）非常相似。

人類身上也有能夠相互影響的化學物質

那麼，人類是否也擁有費洛蒙呢？事實上在一九八六年的實驗中，生物學家已經證實了所謂「宿舍效應」的現象，即幾個女性生活在一起的時候，會因為女性腋窩下的汗水所含的微量物質，使得彼此的月經週期逐漸地同步化。不過直到目前為止，生物學家仍然無法確定引發宿舍反應的是哪些化學物質。

║║║荷爾蒙和費洛蒙的差異

荷爾蒙只會在生物個體
的身上發生作用

費洛蒙則會在同種生物
的身上發生作用

║║║豬身上的性費洛蒙

配種反應
母豬會壓低背部
（願意接受交配的姿勢）

OK

公豬的吐氣中含有
性費洛蒙

避孕原理與荷爾蒙調節
為什麼避孕藥會有避孕效果？

⊙ 避孕藥的機制與荷爾蒙量的調節有關

一九九九年九月，日本政府核准了「低劑量避孕藥（口服避孕藥）」的上市。在此之前，日本一般都是使用荷爾蒙含量較多的中、高劑量避孕藥來治療經痛等月經困難症，而後來所開發的低劑量避孕藥，荷爾蒙含量只有原本的二分之一到五分之一，對人體的副作用也比較少。接下來便要看看口服避孕藥的避孕原理。

一般而言，市面上最常見的口服避孕藥均屬於混合型製劑，即當中含有黃體素和動情素這兩種女性荷爾蒙，通常是連續二十一天每天服用一粒，在最後七天則停止用藥或是服用不具藥效的安慰劑。以正常的月經週期來說，在排卵前動情素會分泌得比黃體素多，排卵後則是黃體素的分泌較多，因此如果女性服用了黃體素多於動情素的避孕藥，就可以使身體處於類似排卵後的狀態，比較不容易受孕。

此外，當避孕藥中的黃體素與動情素開始發揮作用，就會讓腦下垂體誤以為「卵巢已經分泌了夠多的黃體素和動情素」，進而抑制濾泡刺激素（ＦＳＨ）和黃體生成激素（ＬＨ）的分泌，使卵泡停止發育，且原本得以促進排卵作用的ＬＨ高峰（即ＬＨ在短時間內大量分泌）也不會發生。

⊙ 避孕藥也具有其他功效

目前日本政府核准的低劑量避孕藥，在基本的避孕原理上都是相同的，不過還可分為「單相型避孕藥」（每顆藥丸的荷爾蒙含量都一樣）和「多相型避孕藥」（藥丸的荷爾蒙含量有階段性變化），而在多相型避孕藥中又可以分成荷爾蒙含量呈兩階段變化的「雙相型避孕藥」和呈三階段變化的「三相型避孕藥」。單相型避孕藥由於荷爾蒙的含量都一樣，因此具有服用簡單的優點；另一方面，多相型避孕藥的好處則是能讓身體處於比較接近正常的荷爾蒙分泌狀態，可以減少不正常出血的情形。

日本現今服用低劑量避孕藥的人口大約十二萬到十五萬人，以避孕藥

的使用來看普及率並不高，不過除了避孕以外，避孕藥還有許多功用。首先，避孕藥可以減輕月經疼痛、改善月經不順的症狀；此外若長期服用避孕藥的話，還可能預防卵巢癌或子宮內膜異位症。從前的女性往往十幾歲就懷孕並生養好幾個小孩，相較之下現代女性的月經次數則是大幅增加，而被視為是引發子宮內膜異位症的可能原因之一；因此，如果可以透過服用避孕藥來減少月經次數，或許就能降低子宮內膜異位症的發生機率。

▌▌▌月經週期與避孕藥的作用

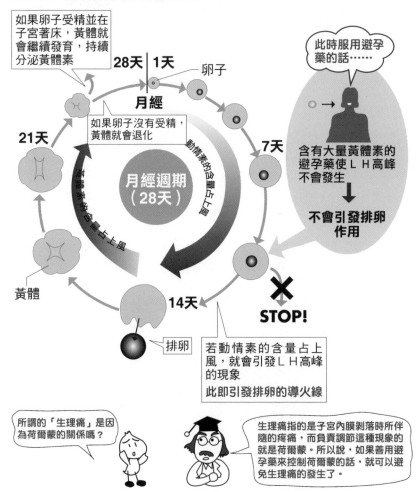

105

第**6**章

基因與蛋白質

唉～為什麼我的長相不能像爸爸那麼有男子氣概啊。「ＤＮＡ」這種東西好像不會照著本人的願望去做喔。

你也知道「ＤＮＡ」這個詞嗎？話說回來，大家好像或多或少都對自己的臉不太滿意呢。

才不只有臉而已，我連個性都像媽媽，才會做事老是冒冒失失的。外表長得像也就算了，為什麼連看不見的個性也會像爸爸媽媽呢？

一般說來，一個人的個性主要是由腦中的蛋白質所決定，而蛋白質的種類則會受到基因的控制。所以說，如果不同的人擁有類似的基因，製造出來的蛋白質就會很相像，而只要蛋白質種類差不多，個性也就應該會很像。

聽起來好複雜喔。「蛋白質」這種東西這麼重要啊？

在最近的生物學研究中，基因所製造出來的蛋白質已經開始成為大家關注的焦點，甚至比基因還要熱門喔。這一章的內容或許會有點難，大家加油囉。

老鼠的兒子會打洞

小孩為什麼會長得像父母？

⊙ 親子遺傳並非「血液」的傳承

自古以來，就有許多「種瓜得瓜，種豆得豆」、「龍生龍，鳳生鳳，老鼠的兒子會打洞」等諺語流傳；換句話說，早在還沒有科學思想的時代，人們已經注意到小孩的長相、個性會與他們的雙親或親戚有所相似。

不過，從前的人並不知道雙親到底遺傳了什麼東西給小孩，長久以來人們只有一個大略的概念，相信小孩身上流有父母親的「血」，所以即使到了現代，人們還是常常以「血緣」、「血脈」、「血統」這些字彙，來表示親子或手足之間的關係；此外，就連英文或法文當中，「血」這個單字也含有「血緣」的意思，可見無論是東方還是西方社會，人們都相信「雙親的相貌或個性會透過血液傳承給小孩」。

不過隨著科學研究的發展，人們終於知道雙親身上的血液並不會遺傳給小孩，胎兒的血液是胎兒自己製造出來，而不是從母親身上得到；此外，母親和胎兒之間只會透過胎盤來交換氧氣、二氧化碳、養分及廢物等物質，彼此的血液並不會相互混合在一起。既然如此，那麼雙親到底遺傳了什麼東西給小孩呢？

⊙ 遺傳基因的真面目為「ＤＮＡ」

小孩之所以會長得像父母親，是因為遺傳到父母親的「基因」。不過長久以來，人們並不知道「基因」究竟是一種什麼樣的化學物質。

現在聽起來或許會感到奇怪，但過去人們曾經有一度認為「遺傳物質就是蛋白質」，這是因為蛋白質遠比其他化學物質還要複雜，所以才會誤以為只有蛋白質才能控制像遺傳這麼複雜的現象。

不過，美國的細菌學家亞夫利（一八七七～一九五五）首先證明了遺傳物質是一種稱為「ＤＮＡ」的核酸。他的研究主題是肺炎的病原體，也就是肺炎雙球菌；這種細菌又可分成「具有莢膜、會讓人生病的Ｓ型球菌」以及「沒有莢膜、不具致病能力的Ｒ型球菌」。通常Ｓ型球菌只會分

雖然「基因＝ＤＮＡ」在現代人來說只是常識，不過人類可是花了相當長的時間才弄清楚這件事。

裂複製出Ｓ型球菌，Ｒ型球菌則分裂複製出Ｒ型球菌；不過，如果把死的Ｓ型球菌和活的Ｒ型球菌混在一起，Ｒ型球菌就會發生性狀轉變（譯注：細胞吸收外來的遺傳物質並將之同化，進而引發基因或外表上的改變），變成會讓人生病的Ｓ型球菌。

　　亞夫利的研究，就是要找出「Ｓ型球菌當中的哪種物質，會使Ｒ型球菌轉變成Ｓ型球菌」，並在一九四四年的學會上發表了研究成果。他純化出了百分之九十九・八的Ｓ型球菌ＤＮＡ，認為就是這些ＤＮＡ引發Ｒ型球菌的性狀轉變；但是，當時有人反駁他的理論，認為也有可能是那其餘百分之〇・二的蛋白質引發了性狀轉變；不過到了今日，亞夫利已被公認為是第一位發現「基因的真面目就是ＤＮＡ」的科學家。

‖‖‖雙親遺傳了什麼物質給小孩？

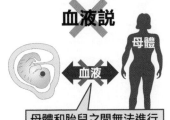

血液説 ✕

母體和胎兒之間無法進行血液交換

父母親遺傳給小孩的物質（基因）是蛋白質嗎？還是其他的化學物質？

‖‖‖亞夫利的實驗

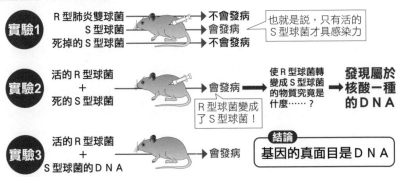

實驗1
Ｒ型肺炎雙球菌 ━━ 不會發病
Ｓ型球菌 ━━ 會發病
死掉的Ｓ型球菌 ━━ 不會發病

也就是説，只有活的Ｓ型球菌才具感染力

實驗2
活的Ｒ型球菌 ＋ 死的Ｓ型球菌 ━━ 會發病 ━━ 使Ｒ型球菌轉變成Ｓ型球菌的物質究竟是什麼……？ ━━ **發現屬於核酸一種的ＤＮＡ**

Ｒ型球菌變成了Ｓ型球菌！

實驗3
活的Ｒ型球菌 ＋ Ｓ型球菌的ＤＮＡ ━━ 會發病

結論
基因的真面目是ＤＮＡ

肥胖基因的發現
「肥胖也會遺傳」是真的嗎？

⊙ 小孩肥胖比例與雙親有很大關係

　　如果因運動不足或飲食過量而變胖，很容易罹患糖尿病、高血壓、動脈硬化或心臟病等疾病，再加上外觀上等等的考量，導致現今減肥風氣相當盛行，但其中有人可以順利獲得減肥成效，卻也有人不管再怎麼減肥都瘦不下來。根據統計，如果父母親都肥胖的話，小孩肥胖的機率是百分之八十；要是父母親不胖的話，小孩肥胖的機率則降為百分之二十，可見肥胖其實和遺傳有很大的關係。

　　一九五○年，生物學家從突變的小白鼠中發現一種天生就特別肥胖的老鼠，並從英文單字「obese（肥胖）」中取了前兩個字母「ob」，將這種老鼠稱為「ob ob老鼠」。此外在一九六六年，生物學家又發現了身上帶有其他異常基因的肥胖老鼠，稱為「db db老鼠」（db為糖尿病「diabetes」的簡寫）。長久以來，這些老鼠天生為何特別容易發胖的原因，一直都不為人所知。

⊙ ob肥胖基因與db肥胖基因

　　一九九四年底，美國洛克斐勒大學富利德曼博士所領導的研究團隊，終於從ob ob老鼠身上發現了肥胖基因（ob基因）。他們把正常ob基因製造出來的蛋白質施打到ob ob老鼠身上，發現這些胖老鼠很快就瘦了下來，因此便把這種蛋白質取名為「leptin（瘦身素）」，名稱源自於希臘文中的「leptos」（即「瘦下來」的意思）。

　　瘦身素是一種蛋白質荷爾蒙，由累積了大量脂肪的脂肪細胞所製造。當老鼠吃得太多時，脂肪細胞便會分泌瘦身素，並在腦部的下視丘發生作用，讓下視丘發出「停止進食」的指令。不過，如果ob基因產生突變，就會製造出有缺陷的瘦身素，而無法發揮抑制食欲的功能，老鼠就會因為吃得太多而變胖。

那如果父母都很胖的話，再怎麼減肥也沒用囉？

也不能這麼說。只要努力減肥的話，一定就會變瘦；只不過，易胖體質的人儘管攝取的卡路里和別人一樣，卻很容易就會胖回來。

110

　　另一方面，db db老鼠雖然可以製造出正常的瘦身素，卻因為瘦身素受器的基因（db基因）突變，使得腦細胞表面無法製造出瘦身素的受器，導致瘦身素的刺激傳不到腦部，所以老鼠還是會因為吃得太多而變胖。

　　目前除了ob基因和db基因之外，科學家還陸續發現了其他的肥胖基因，引發身體肥胖的整體機制也漸漸地愈來愈明朗。

▓▓▓▓引發身體肥胖的機制

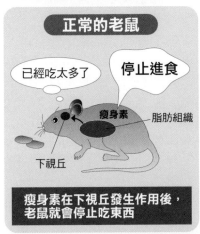

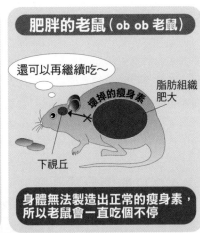

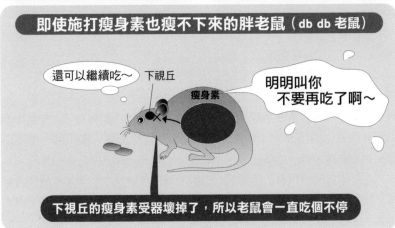

血型是如何決定的？
血型也會遺傳

➲ 血型有各種分類系統

　　根據血型占卜的分析，通常A血型的人比較一板一眼，B血型的人很自我中心，O血型的人大而化之，AB型的人則是很冷靜。不過，這些說法都沒有什麼科學根據，甚至還有原本以為自己是A型的人，從血液檢查結果知道其實是O型以後，個性就突然變得不拘小節。

　　先不管血型和個性之間的關係，所謂的「血型」究竟是什麼東西呢？從前的人們進行輸血時，有時候相當地順利，有時卻會發生血液凝固的狀況，導致接受輸血的人死亡，因此人們才開始注意到「血型分類」的重要性。事實上，血型有許多不同的分類系統，除了一九〇一年奧地利醫生蘭德施泰納（一八六八～一九四三）所發現的ABO血型之外，還有Rh血型、路易士血型及MN血型等幾十種血型的分類系統。

➲ ABO血型分類系統

　　接著就來介紹ABO血型的分類系統。當不同血型的血液混在一起時，血液內的紅血球會相互聚集而黏結在一起，這是由紅血球表面一種稱為「醣類抗原」的物質在構造上的些微差異所造成。幾乎所有人的醣類抗原上都帶有O型抗原；而A血型的人，則在O型抗原的前端還接著一個醣類（α-N-乙醯葡萄糖胺），也就是所謂的A型抗原；B血型的人是在O型抗原的前端接著另外一種醣類（α-半乳糖），即所謂的B型抗原。

　　人體內必須要有各種酵素，才能製造出這些A型抗原或B型抗原，因此A血型的人就含有A型酵素，B血型的人就含有B型酵素，AB血型的人同時含有這兩種酵素，O血型的人則沒有這些酵素。酵素是一種蛋白質，必須依據人體內的基因資訊才能製造出來，因此血型是會遺傳的。

　　由於小孩的血型會依據雙親的血型而決定，因此血型經常被用來鑑定親子關係，好比說雙親都是A型時，有可能生下A型或O型的小孩，但不可能生下B型小孩。不過，有時也會發生一些極少數的例外，像是A型酵

素發生突變，而產生Ｂ型酵素的作用，這時候的血型遺傳就不會符合理論模式，無法以血型來進行親子鑑定。

||||||ＡＢＯ血型的差異

〈Ａ型〉　身上帶有Ａ型酵素

上面有Ａ型抗原

Ｏ型抗原

紅血球的細胞膜

〈Ｂ型〉　身上帶有Ｂ型酵素

上面有Ｂ型抗原

〈ＡＢ型〉　身上同時帶有Ａ型酵素和Ｂ型酵素

〈Ｏ型〉 酵素壞掉了，不會產生其他抗原

||||||血型的遺傳模式

母親＼父親	Ａ型（AA, AO）	Ｂ型（BB, BO）	ＡＢ型	Ｏ型
Ａ型（AA, AO）	Ａ型（AA, AO）Ｏ型（OO）	Ａ型（AA, AO）Ｂ型（BO）Ｏ型（OO）ＡＢ型	Ａ型（AA, AO）Ｂ型（BO）ＡＢ型	Ａ型（AO）Ｏ型（OO）
Ｂ型（BB, BO）	Ａ型（AO）Ｂ型（BO）Ｏ型（OO）ＡＢ型	Ｂ型（BO）Ｏ型（OO）	Ａ型（AO）Ｂ型（BB, BO）ＡＢ型	Ｂ型（BO）Ｏ型（OO）
ＡＢ型	Ａ型（AA, AO）Ｂ型（BO）ＡＢ型	Ａ型（AO）Ｂ型（BB, BO）ＡＢ型	Ａ型（AA）Ｂ型（BB）ＡＢ型	Ａ型（AO）Ｂ型（BO）
Ｏ型	Ａ型（AO）Ｏ型（OO）	Ｂ型（BO）Ｏ型（OO）	Ａ型（AO）Ｂ型（BO）	Ｏ型（OO）

Ａ×Ａ　ＡＸＯ

ＡＡ　ＡＯ

兩種都是Ａ型血

血型也有分顯性遺傳（Ａ型、Ｂ型）和隱性遺傳（Ｏ型）。
例如Ａ和Ｏ合在一起時，血型就是ＡＯ型，但因為Ｏ是隱性遺傳，所以最終表現出來的血型會是Ａ型。因此在Ａ血型的人當中，其實還可以再細分成ＡＡ型和ＡＯ型。

113

孟德爾的三大遺傳法則
遺傳也有基本規則

孟德爾首次以「遺傳因子」的假設來說明遺傳法則

歷史上第一位假設生物體內有「基因」存在的人，是一位奧地利牧師孟德爾（一八二二～一八八四）。十九世紀中葉左右，孟德爾利用豌豆進行雜交實驗，發現豌豆在子葉顏色、種子形狀等特徵的遺傳上有其規則性，他便假設雙親會傳給子代一種「遺傳因子」，藉以說明他的遺傳法則；而這些控制豌豆性狀的「遺傳因子」，正是現在大家所說的「基因」。在孟德爾所發現的遺傳規則中，最為人熟知的就是「顯性定律」、「分離定律」和「獨立分配律」這三大法則。

三大遺傳法則

生物體在決定眼睛顏色、頭髮顏色等兩兩成對的性狀（對偶性狀）時，最終只有一種性狀會表現出來，這就是所謂的「顯性定律」。舉例來說，若父母親分別為藍眼睛和黑眼睛，小孩的眼睛顏色一定就是藍色或黑色，不可能出現介於兩者之間的顏色。此時小孩身上所表現出來的性狀基因（顯性基因），就用大寫的英文字母A來表示，而沒有表現出來的另一個性狀基因（隱性基因），則用小寫字母a來表示。

「分離定律」指的是父母親身上的成對基因當中，基因A和基因a會相互分離，然後各自進到雄性或是雌性的配子（相當於人類的精子或卵子）裡，因此受精時的基因組合就會有以下幾種配對方式：①帶有A的精子和帶有A的卵子；②帶有A的精子和帶有a的卵子；③帶有a的精子和帶有A的卵子；④帶有a的精子和帶有a的卵子。至於小孩的基因會是以上哪一種組合，則要視父母親的精子及卵子中所含的遺傳基因而定。

至於「獨立分配律」，則是指眼睛顏色或頭髮顏色等各種不同的性狀之間，會各自獨立地遺傳給小孩，不會互相影響。

所以說顯性的性狀比較好，隱性的性狀就比較不好嗎？

不是這個意思喔。在血型的遺傳上，O型雖然屬於隱性的一方，不過O血型的人並不會比其他血型的人還要差吧？

孟德爾在一八六五年發現這些遺傳法則的時候，並沒有受到世人的注意，直到去世以後，研究論文才重新受到重視，孟德爾並被尊為「遺傳學之父」。

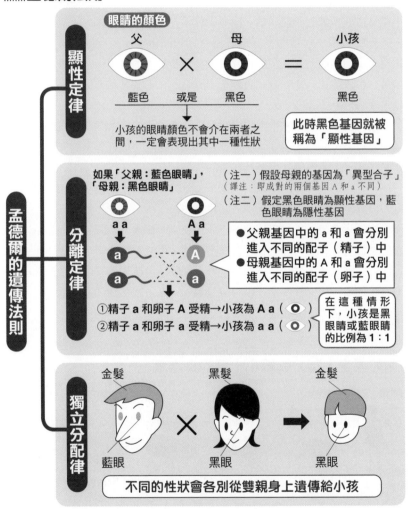

孟德爾法則

顯性定律

眼睛的顏色

父 × 母 = 小孩

藍色 或是 黑色 黑色

小孩的眼睛顏色不會介在兩者之間，一定會表現出其中一種性狀

此時黑色基因就被稱為「顯性基因」

孟德爾的遺傳法則

分離定律

如果「父親：藍色眼睛」，「母親：黑色眼睛」

（注一）假設母親的基因為「異型合子」
（譯注：即成對的兩個基因 A 和 a 不同）
（注二）假定黑色眼睛為顯性基因，藍色眼睛為隱性基因

a a　　A a

a　　A
a　　a

●父親基因中的 a 和 a 會分別進入不同的配子（精子）中
●母親基因中的 A 和 a 會分別進入不同的配子（卵子）中

①精子 a 和卵子 A 受精→小孩為 A a（　）
②精子 a 和卵子 a 受精→小孩為 a a（　）

在這種情形下，小孩是黑眼睛或藍眼睛的比例為1：1

獨立分配律

金髮　　黑髮　　金髮

藍眼　×　黑眼　→　黑眼

不同的性狀會各別從雙親身上遺傳給小孩

細胞與DNA

ＤＮＡ位於體內的何處？

⊙ 基因就藏在細胞核中

孟德爾所定義的「基因」究竟位在體內的何處呢？如同第二章所述，人體是由許多細胞所組成的，而基因就藏在這些細胞裡面。不過，一般人對於細胞這種小尺寸的世界或許沒有具體的概念，因此接下來便要依照比例大小的順序，從人類的世界慢慢談到ＤＮＡ的世界。請想像成自己正搭著一台探險車，每一分鐘會縮小十分之一，只要經過八分鐘，就會到達ＤＮＡ的世界了。

我們現在所居住的世界可以說是公尺級的世界，人類的身高差不多都是一公尺多，家裡的房間大小也都是數公尺左右，就連馬路的寬度、建築物的高度，大多也用公尺做為測量的基準。

一分鐘過後，探險車來到了幾十公分的世界，大約是小貓和老鼠的高度。可以想像看看貓咪正玩弄著探險車呢。

兩分鐘過後，探險車現在差不多和昆蟲一樣大。此時獨角仙和鍬形蟲看起來巨大得可怕，如果不趕快逃走的話，可能會被牠們一腳踩扁喔。

三分鐘過後，來到了公釐的世界，探險車大概和蚊子或跳蚤的大小差不多。跳蚤一跳，就像是一顆砲彈似地，一下子就跳到好遠的地方去了。

四分鐘過後，這裡是○・一公釐、也就是一百微米的世界，探險車已

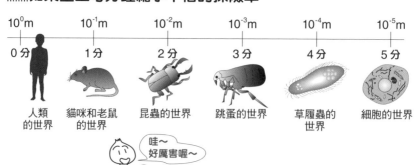

||||如果坐上每分鐘縮小十倍的探險車……

10^0m	10^{-1}m	10^{-2}m	10^{-3}m	10^{-4}m	10^{-5}m
0分	1分	2分	3分	4分	5分
人類的世界	貓咪和老鼠的世界	昆蟲的世界	跳蚤的世界	草履蟲的世界	細胞的世界

哇～好厲害喔～

經小到平常肉眼難以看清的程度。草履蟲和綠藻正在水中游泳呢。

五分鐘過後，十微米的世界大約是多細胞生物的細胞平均大小，此時連紅血球在血管中流動的樣子也可以看得很清楚呢，真是氣勢奔騰！

六分鐘過後，探險車來到了一微米的世界。接下來終於要進入細胞當中了，一個個細胞看起來就像是一棟棟的大樓般。現在我們搭著探險車，闖入細胞裡吧！穿越了和我們差不多大小的粒線體、內質網和高基氏體之後，就可以看到一個很大的圓球，這正是細胞核，裡面收藏著我們的遺傳基因。

◎ DNA為兩條交纏的繩狀物

七分鐘過後，探險車來到了○‧一微米，也就是一百奈米的世界。這時的細胞核看起來就像是一顆很大的汽球，上面開了很多個小洞，稱為「核孔」，我們就從這裡鑽進細胞核中吧。細胞核內塞滿了許多核酸和蛋白質，而像是細線一樣的東西就是DNA，平常就這樣分布在細胞核內各處，可以迅速地製造出蛋白質。不過當細胞分裂的時候，DNA就會和蛋白質緊密地包裝在一起，形成染色體。

八分鐘過後，探險車終於到達十奈米的世界，也就是DNA的世界了，現在甚至可以想像看看我們用手拿起寬度大約兩奈米的DNA，好好地來觀察一下。DNA長得就像是由兩條交纏的長鏈組成的繩狀物，不過如果就這樣說出「這就是遺傳基因」的話，可能無法有什麼立即的體會，所以接著下一節就要來仔細地介紹DNA。

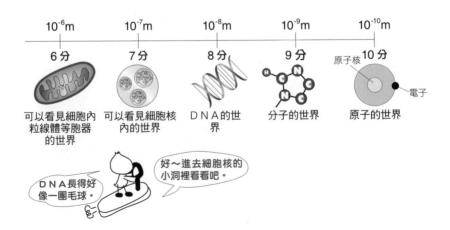

| 10⁻⁶m | 10⁻⁷m | 10⁻⁸m | 10⁻⁹m | 10⁻¹⁰m |

6分　可以看見細胞內粒線體等胞器的世界

7分　可以看見細胞核內的世界

8分　DNA的世界

9分　分子的世界

原子核　10分　電子　原子的世界

DNA長得好像一團毛球。　好～進去細胞核的小洞裡看看吧。

DNA的形狀及運作機制
螺旋階梯所傳達的遺傳資訊

◯ DNA像是雙螺旋狀的階梯

接續前一節的內容，接著便要來看看DNA的立體構造。DNA是由兩條細線所纏繞而成的「雙螺旋」結構，兩條細線之間就像是螺旋階梯的形狀。螺旋階梯的扶手、也就是這兩條細線，是由磷酸根和醣類（去氧核糖）交互連接所構成的；「DNA」的正式名稱即是源自這個醣類，稱為「去氧核糖核酸（Deoxyribonucleic acid）」。

另一方面，螺旋階梯的踏板部分則是由四種鹼基所組成，分別為腺嘌呤（簡寫成A）、胸腺嘧啶（T）、胞嘧啶（C）和鳥糞嘌呤（G）。這些鹼基一個一個地從階梯扶手（即醣類部分）伸出到階梯中央，再靠著微弱氫鍵和另外一邊的鹼基接在一起，且此時腺嘌呤（A）一定會和胸腺嘧啶（T）配成一對，鳥糞嘌呤（G）則會和胞嘧啶（C）配成一對。因此，若階梯扶手的一邊是A的話，對面就會出現T；相同地，如果一邊是C的話，對面就一定是G。

‖‖ 螺旋階梯DNA

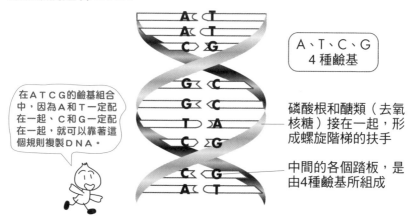

A、T、C、G
4種鹼基

在ATCG的鹼基組合中，因為A和T一定配在一起、C和G一定配在一起，就可以靠著這個規則複製DNA。

磷酸根和醣類（去氧核糖）接在一起，形成螺旋階梯的扶手

中間的各個踏板，是由4種鹼基所組成

118

⊃ DNA的半保留式複製過程

　　若有一個細胞要進行細胞分裂，則在分裂之前必須要先複製ＤＮＡ，接著便來看看ＤＮＡ的複製過程。ＤＮＡ的遺傳資訊就位在雙螺旋內側的鹼基部分，因此在複製ＤＮＡ之前，必須先有如拉開拉鍊般地解開ＤＮＡ的雙螺旋結構。此時，只要負責解開ＤＮＡ雙螺旋結構的酵素開始運作，便會打斷氫鍵的結合，使原本兩個一組的鹼基分開，雙螺旋結構就會形成兩條單股ＤＮＡ分子。接下來，會有與單股ＤＮＡ分子相對應的鹼基（如果是Ａ的話，另外一邊就是Ｔ），一個個地以核苷酸（注）的狀態慢慢地接近原本的單股ＤＮＡ，並和上面的鹼基再次形成氫鍵。

　　氫鍵形成之後，ＤＮＡ的合成酵素（即ＤＮＡ聚合酶）就會立刻將核苷酸上相當於階梯扶手的磷酸根與下一個核苷酸的醣類連接在一起（這個接合處稱做「磷酸二酯鍵」），如此逐漸形成階梯另外一邊的扶手，也就是新的ＤＮＡ長鏈。

　　ＤＮＡ之所以可以傳達身體的遺傳資訊，關鍵就在於鹼基的配對，如此一來就能夠正確地複製ＤＮＡ上面的鹼基序列，並把這些遺傳資訊傳給後代子孫。

　　在ＤＮＡ的雙螺旋結構當中，一定會有一邊的ＤＮＡ長鏈是舊的，另外一邊則是新複製出來的ＤＮＡ長鏈，因此這種ＤＮＡ的複製方式也被稱為「半保留式複製」。

||||||ＤＮＡ的半保留式複製

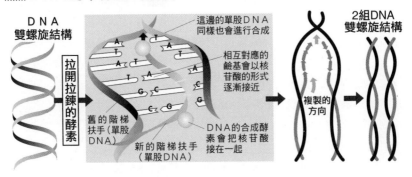

（注）核苷酸：由一個醣類、一個磷酸根和一個鹼基所組成的化合物，是ＤＮＡ結構的基本單位。

只由四碼組成的遺傳訊息

DNA→RNA→蛋白質

◯ RNA也是由四種鹼基所構成

DNA上的遺傳資訊會傳遞給一種和DNA很像、稱為「RNA」的核酸；當RNA從細胞核進入核糖體之後，核糖體內的胺基酸就會依照RNA的遺傳資訊依序接在一起，製造出蛋白質。這種「DNA轉錄成RNA，RNA轉譯成蛋白質」的遺傳資訊傳遞方式，就稱為「中心法則」。

之前談到DNA構造時也曾經提過，DNA上的基因所使用到的組成字碼，就只有A、T、C、G四種鹼基。

另一方面，RNA也是由四種鹼基所組成，分別為腺嘌呤（A）、尿嘧啶（U）、胞嘧啶（C）和鳥糞嘌呤（G）。由於DNA和RNA在基因密碼上都是使用四個字碼，彼此之間的對應關係很單純，因此可以很容易地把DNA的遺傳資訊轉錄成RNA。DNA轉錄成RNA的過程，就像是沖洗照片的時候把正片洗成負片一樣，能夠很正確地把資訊轉換過去。

◯ RNA為三個鹼基對應一種胺基酸

不過，如果要把RNA的資訊轉譯成蛋白質的話，可就沒這麼簡單了。DNA和RNA的鹼基種類只有四種，但是合成蛋白質的胺基酸種類卻有二十種左右（注），如果一種鹼基對應一種胺基酸，四種鹼基就只能對應到四種胺基酸，根本對應不了二十種胺基酸。

那麼，如果是由兩個鹼基為一組來對應一種胺基酸的話呢？第一個鹼基可以四選一，第二個鹼基也可以四選一，以此類推就有「四×四＝十六」種的組合方式，但還是不到二十種。既然如此，再以三個鹼基為一組來對應看看，如此就會有「四×四×四＝六十四」種組合方式，則二十種胺基酸至少都可以被對應到一種組合方式了。在所有生物的身上，包括小到眼睛看不見的病毒、細菌、甚至是動植物，都是採用這種三個字碼為一組的編碼方式。

換句話說，遺傳資訊的所有奧祕，全都藏在鹼基的排列方式、也就是四進位的編碼方式中。三個鹼基可以決定一種胺基酸的排列方式，稱為

（注）一般人體常用的胺基酸有二十種，不過近幾年又發現了其他幾種胺基酸。

「三聯體」，而這三個一組的鹼基本身則稱為「密碼子」。

　　除此之外，ＲＮＡ還分成許多種類。有一種稱為「ｍＲＮＡ」的ＲＮＡ會轉錄ＤＮＡ的遺傳資訊，再將訊息傳給蛋白質；還有一種和蛋白質的合成有關的ＲＮＡ，會把胺基酸運送到核糖體，稱為「ｔＲＮＡ」。

▌▌▌ＤＮＡ轉錄成ＲＮＡ的資訊傳達方式

DNA

RNA

正片

負片
就像正片和負片的關係，資訊可以正確傳達

▌▌▌ＲＮＡ轉譯成蛋白質的資訊傳達方式

不要跟Ｔ（ＤＮＡ的鹼基）搞混囉～
Ａ Ｕ Ｇ Ｃ

ＲＮＡ的構成人員：4種鹼基

傳遞資訊

蛋白質的構成人員：20種胺基酸

若是我們1個人一組的話，根本不能表現出20種組合方式
Ⓐ Ⓤ Ⓖ Ⓒ
4種
無法對應 ✕ 20種胺基酸

即使我們2個人一組，最多也只能表現出16種組合方式
Ⓐ Ⓤ Ⓖ Ⓒ 4種 × Ⓐ Ⓤ Ⓖ Ⓒ 4種
無法對應 ✕ 20種胺基酸

要是我們3個人一組的話，就可以表現出64種組合方式，20種胺基酸根本不算什麼啦！
Ⓐ Ⓤ Ⓖ Ⓒ 4種 × Ⓐ Ⓤ Ⓖ Ⓒ 4種 × Ⓐ Ⓤ Ⓖ Ⓒ 4種
足夠對應 ⊖ 20種胺基酸

例　UUU ⟶ 苯丙胺酸
　　GGC ⟶ 脯胺酸

人類基因體計畫
人類的ＤＮＡ

🔵 解開人體設計圖全貌的「人類基因體計畫」

就在幾年之前，有一個稱做「人類基因體計畫」的國際合作計畫，引發各界廣泛的討論，這個計畫的內容究竟為何呢？

「人類基因體計畫」中的「基因體」，指的是一個物種所擁有的全部基因資訊，包括了該物種身上所有的基因。換句話說，「人類基因體」可說是製造人類身體的設計圖。

人類基因體其實就是ＤＮＡ。為了解讀所有的遺傳資訊，所謂的「鹼基序列」、也就是「ＤＮＡ上的四種鹼基是按照什麼樣的順序排列」，就成了一項重要的研究課題。

總而言之，透過解讀人體ＤＮＡ的所有鹼基序列，就可以得到人類身上所有的遺傳資訊，解開人體設計圖的整體面貌——這個規模浩大的計畫就是「人類基因體計畫」。

🔵 人類基因體由三十億個鹼基對組成

人類基因體約由三十億個鹼基對（注）所組成，鹼基對簡稱為「ｂｐ」（base pair），因此除了三十億個ｂｐ這個說法之外，也可以講成三百萬個Ｋｂｐ（Kilo base pair）或是三千個Ｍｂｐ（Mega base pair）。

「三十億」這個數字到底有多大呢？舉例來說，如果換算成報紙字數的話，「三十億個字」就相當於五十年份的報紙（假設報紙一面大約三千兩百個字×〔早報三十面＋晚報二十面〕×三百六十五天），或是相當於一千冊厚達一千頁的百科全書；此外，要是用電腦字型大小為十的字來書寫ＡＴＧＣＣＧＡＡＴ這些鹼基序列，十公分的寬度大約可以寫三十個字，三十億個字的長度就是「三十億÷三十個字×〇・一公尺＝一萬公里」，幾乎等於地球周長的四分之一。只不過在這麼多鹼基對的ＤＮＡ當中，真正具有基因功能的鹼基序列其實非常少（僅占全部的百分之一・五）。

嗯～有點搞不清楚了。每個人身上都同樣擁有「人類基因體」嗎？可是這樣一來，大家就不會變成一模一樣的人了？

不不不，人類基因體計畫中所解讀的不單只是一個人身上的ＤＮＡ，而是好幾十人的ＤＮＡ片段集合。目前已經得知ＤＮＡ其實具有個人差異性，雖然只有些微的差別；現在科學家也正在研究這些基因差異與人類之間差異的關係。

人類基因體可分為二十三對染色體（二十二對普通染色體加上兩條性染色體），其中最長的染色體可達兩百五十個Ｍｂｐ（兩億五千萬個ｂｐ），而即使是最短的染色體，長度也有五十五個Ｍｂｐ（五千五百萬個ｂｐ）。

|||||人類基因體

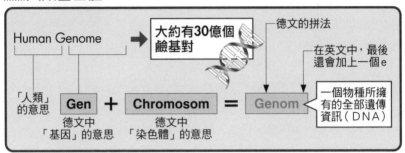

|||||人類基因體的資訊量

「約三十億個鹼基對」是多大的數目？

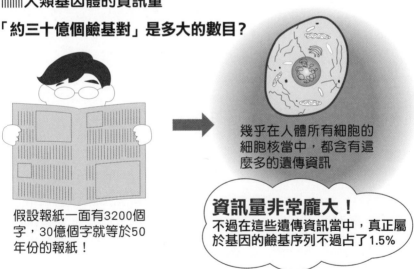

假設報紙一面有3200個字，30億個字就等於50年份的報紙！

幾乎在人體所有細胞的細胞核當中，都含有這麼多的遺傳資訊

資訊量非常龐大！
不過在這些遺傳資訊當中，真正屬於基因的鹼基序列不過占了1.5%

（注）鹼基對：ＤＮＡ分子為兩股長鏈互相纏繞所形成的雙螺旋結構，長鏈上的每一個鹼基都會向中間延伸，和對面的鹼基形成配對。這兩個一組的鹼基就稱為「鹼基對」。

mRNA與轉錄因子
同樣的ＤＮＡ得以產生各種不同細胞的原因

◉ 不同種細胞中所運作的基因不盡相同

雖然每個細胞的ＤＮＡ上都含有人體全部的遺傳資訊，但如果這些遺傳資訊全都轉譯成蛋白質的話，體內各種細胞就會長成相同的形狀。神經細胞和肌肉細胞之所以會有所差異，並不是因為ＤＮＡ有所不同，而是因為在不同細胞中運作的基因不一樣。

當基因運作之後，ＤＮＡ就會轉錄產生ｍＲＮＡ，而ｍＲＮＡ則會被運送到核糖體以合成蛋白質。反過來說，儘管ＤＮＡ上面有基因存在，但只要基因不運作，就不能製造ｍＲＮＡ，也無法合成蛋白質。

人類基因體計畫的最大目標，就是研究出染色體內所有的ＤＮＡ鹼基序列，但即使可以推測出基因在ＤＮＡ上的位置，卻仍舊無法得知這些基因的運作與否。

ｍＲＮＡ是一種極少量又容易損壞的物質，但由於「反轉錄」技術的開發，使得ｍＲＮＡ可以被反轉錄成ＤＮＡ，所以只要對反轉錄後所得到的互補ＤＮＡ（ｃＤＮＡ）進行研究，便可以得知產生運作的是哪些基因。此外，目前甚至已經開發出一種劃時代的技術，能夠得知ｃＤＮＡ所對應的基因為何。

◉ 各種「轉錄因子」控制著基因的運作與否

那麼，各種基因究竟是如何切換運作與否的模式呢？事實上在每一個基因上面，都含有一種可以促進或抑制基因運作的蛋白質，這一類的蛋白質就是所謂的「轉錄因子」。在轉錄因子當中，有一種可以合成ｍＲＮＡ的酵素，稱為「ＲＮＡ聚合酶」，還有一種可以增強ＲＮＡ聚合酶作用的蛋白質複合體，這兩者合稱為「基本轉錄因子」；除此之外，轉錄因子還包括另外一類的蛋白質複合體，可以促進或是抑止不同器官細胞的特異性轉錄。

由於這些轉錄因子的運作，才能讓各式各樣的基因進行運作，或是反過來停止運作。

▏▏▏▏運作的基因與不運作的基因

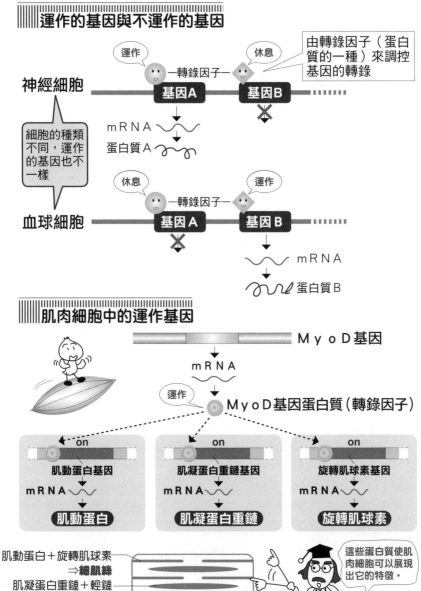

由轉錄因子（蛋白質的一種）來調控基因的轉錄

運作　休息
─轉錄因子─

神經細胞

基因A　基因B ·······

細胞的種類不同，運作的基因也不一樣

mRNA
蛋白質A

休息　運作
─轉錄因子─

血球細胞

基因A　基因B ·······

mRNA
蛋白質B

▏▏▏▏肌肉細胞中的運作基因

ＭｙｏＤ基因

mRNA

運作　ＭｙｏＤ基因蛋白質（轉錄因子）

on
肌動蛋白基因
mRNA
肌動蛋白

on
肌凝蛋白重鏈基因
mRNA
肌凝蛋白重鏈

on
旋轉肌球素基因
mRNA
旋轉肌球素

肌動蛋白＋旋轉肌球素
⇒**細肌絲**

肌凝蛋白重鏈＋輕鏈
⇒**粗肌絲**

這些蛋白質使肌肉細胞可以展現出它的特徵。

肌小節（肌肉收縮構造的最小單位）

125

受到矚目的蛋白質體分析
研究蛋白質可以知道什麼？

◎ 基因與蛋白質間的關係很難準確推估

前面已經提過「基因就是蛋白質的設計圖」，不過，如果只有研究基因的鹼基序列以及基因的運作與否，仍舊不足以解開各種生物現象的謎團。

實際上，人體內的蛋白質與當初製造這些蛋白質的ｍＲＮＡ，兩者在數量的比例上並無法對應。有一些蛋白質雖然會被大量製造，但同時也會大量損壞，使得含量極少；相反地也有一種情況是雖然ｍＲＮＡ的數量很少，但因製造出來的蛋白質幾乎不會分解掉，因此含量反而能夠累積增加。總而言之，如果光是研究基因的運作，並不能幫助生物學家推測出體內蛋白質的現存含量。

◎ 由體內分離出蛋白質直接進行研究

除此之外，ＤＮＡ的基因上只有記錄蛋白質的胺基酸排列順序，如果直接利用這些資訊合成蛋白質的話，也只能得出繩索狀的分子。不過，蛋白質必須要能捲成特定的形狀，形成其特殊的立體構造，才能夠發揮正常的功能，然而ＤＮＡ上面並沒有記錄各種蛋白質應該形成什麼樣的形狀；因此，就必須從人體內取出蛋白質，直接研究其本身的立體構造。

不僅如此，根據研究結果，一個基因可以製造出很多種ｍＲＮＡ，而這些ｍＲＮＡ又會再製造出更多種蛋白質。有一些體內基因損壞所造成的遺傳疾病，只要檢查病人的基因，就可以知道身體異常的原因；不過，有一些「生活習慣病」的病因與基因和生活環境都有關係，若只檢查病人的基因，仍舊無法得知身體發生異常的原因。

此時，就必須將體內的蛋白質在短時間內盡可能地大量分離出來，做一次全面性的檢查，也就是所謂的「蛋白質體分析」；其中，「蛋白質體」即是指存在於細胞或組織當中所有蛋白質的總稱。蛋白質體研究的這個領域，今後應會成為後基因體時代的研究主流。

||||||必須研究蛋白質的因素

理由1 人類的基因數量比原本預測的要少

預測 → 10 萬個 「1個DNA→1個RNA→1個蛋白質」這
種1對1對1的對應並非蛋白質的製造方式，
實際上 → 3 萬個 而是1種基因可以製造出好幾種蛋白質

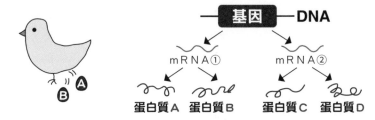

理由2 被ＤＮＡ製造出來的ｍＲＮＡ數目與細胞內的蛋白質數
量完全不成比例

大量製造、大量損壞的
蛋白質
（ex. 轉錄因子）

雖然製造得很少，卻可以不斷累積的
蛋白質
（ex. 膠原蛋白）

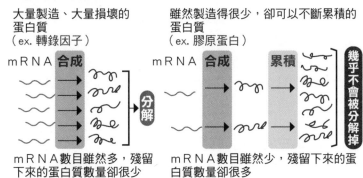

ｍＲＮＡ數目雖然多，殘留
下來的蛋白質數量卻很少

ｍＲＮＡ數目雖然少，殘留下來的蛋
白質數量卻很多

||||||「蛋白質體」的字義

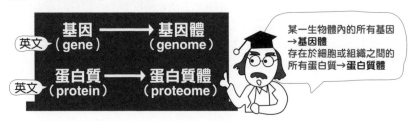

某一生物體內的所有基因
→**基因體**
存在於細胞或組織之間的
所有蛋白質→**蛋白質體**

探究生物的運作系統
從零件的研究邁向系統的闡明

⊙ 人類ＤＮＡ上只記錄了「零件」的資訊

之前的章節中已經介紹過基因體和蛋白質體，但無論是基因還是蛋白質，都只是人體的組成零件。因此，就算解碼了人類所有的基因，並且得知全部蛋白質的功用，還是很難回答「這些分子到底要怎麼組合，才能組成我們的身體」這個問題。舉例來說，即使有了螺絲或齒輪這些零件，但若不知道組合的方法，就不知道能夠拼出什麼樣的機械，這一點在生物學上也是相同的道理。

不過一般來說，人體的形狀構造幾乎都是一樣的，例如臉部一定有眼睛、鼻子和嘴巴……等等，這些基本的身體構造並不會改變。由此可見，關於「如何組裝分子、如何製造細胞、如何安排細胞的位置以形成內臟和器官」等等資訊，應該就藏在人類身上的某個地方。

不過令人遺憾地，人類的ＤＮＡ遺傳資訊只記錄了蛋白質零件的設計圖，但是有關各種零件要如何組合才能形成複合體，還有這些複合體要分布在細胞中的哪個部分，甚至連某特定細胞應該長在身體的什麼地方等等資訊，在ＤＮＡ上卻找不到這樣的記錄。

⊙ 「系統生物學」的興起

話說回來，若一下子從分子層級的話題跳到生物個體，在講解上並不是很容易，因此接下來就先將討論焦點放在「細胞是由什麼樣的分子所組成的」。

首先，如果研究蛋白質的交互作用，就可以得知「哪些蛋白質之間會互相產生作用」等相關資訊；此外，還可以將細胞中特定的蛋白質染色過後，以顯微鏡仔細觀察細胞，就可以得知「這種蛋白質會分布在細胞中的何處」。

像這樣和生物學相關的資訊，一直不斷持續在增加當中；因此，近來也發展出一門稱為「系統生物學」的研究領域，採用將細胞視為一個「系

統」的概念，而利用電腦來處理大量的生物資訊並進行模擬，試圖將細胞這個「系統」組合出來。

　　「系統生物學」雖然只是一門剛起步的研究領域，但是隨著各種生物學資訊不斷地增加，相信這門學問將會變成一項有力的工具，能夠幫助解開生物之謎。

||||| 從零件到系統

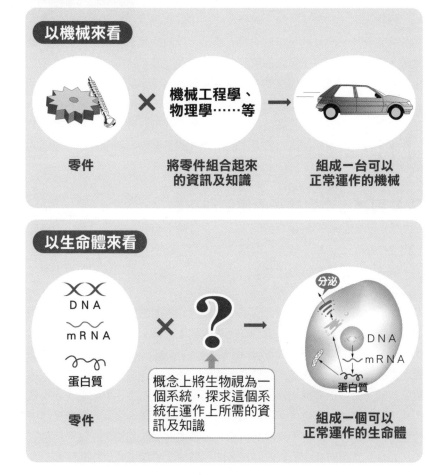

以機械來看

零件 × 機械工程學、物理學……等 → 組成一台可以正常運作的機械

零件　　　　將零件組合起來的資訊及知識　　　　組成一台可以正常運作的機械

以生命體來看

DNA
mRNA
蛋白質

零件

× ? → 分泌

DNA
mRNA
蛋白質

概念上將生物視為一個系統，探求這個系統在運作上所需的資訊及知識

組成一個可以正常運作的生命體

活躍於生物學上的奈米科技
原子或分子層級的實驗得以實現

奈米科技使科學進展大為躍進

近來「奈米科技」這個字眼時常被提起，其中的「奈米」是一種非常小的長度單位，一奈米等於十的負九次方公尺，大約是分子或原子的大小；而所謂的「奈米科技」，指的是操控這些極度微小物質的技術總稱。

拜奈米科技的發展之賜，科學家已經可以操控一個分子的行動，這在從前是完全無法想像的。舉例來說，若是用以前的光學顯微鏡或是電子顯微鏡，根本看不見原子等級的東西，不過自從開發了掃描穿隧式顯微鏡之後，科學家就可以直接觀察到一顆原子或分子。

此外，奈米科技也已經運用在生物學的研究上。例如將螢光色素結合在蛋白質分子上，然後在顯微鏡下觀察的話，就可以做到「單分子測量」這件事，像是觀察一個蛋白質分子的動作，或是測量出發生在分子之間的微小力量等等。

各種應用奈米技術的實驗和研發

大阪大學的柳田敏雄教授等人，曾在實驗中將肌肉中的肌動蛋白纖維利用光學鑷子夾住後，放在肌凝蛋白纖維的上面使其移動，藉此成功測量出一個ＡＴＰ分子分解時所釋放的能量大小，並從分子層級的角度來測量肌肉收縮時所產生的力量。

除此之外，東京大學的北森武彥教授所領導的團隊，則是利用奈米科技製造出微型的化學工廠。他們在一片玻璃板上刻了許多細小的溝槽（大約五十～一百微米），分布成像迷宮一般的構造，上面再蓋上一層玻璃板，做成一個晶片；之後，他們從晶片上的幾個小孔倒入各種含有不同物質的溶液，這些溶液就在迷宮的溝槽中相互接觸，產生化學反應。北森教授利用這個技術，開發出了各種生物晶片的製程；舉例來說，先在晶片中放置可以和癌症抗原發生反應的抗體，再將血液加入晶片中，就可以檢查出病人身上有沒有癌症抗原的存在，即一種檢測癌症用的生物晶片。

從全世界的角度來看，日本這些奈米科技的水準可說相當地先進，未來在生物學上的應用也十分令人期待。

▒▒▒奈米科技是一項劃時代技術

以往的技術

無法觀察到原子或分子，因此為了實驗和研究的需要，就必須嘗試各種不同的方法

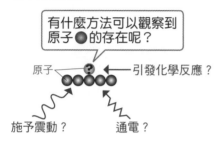

奈米技術

透過奈米科技的應用（如掃描穿隧式顯微鏡等），可以直接觀察或測量原子和分子

▒▒▒同時做到ATP分解和肌肉釋放力量的分子級量測

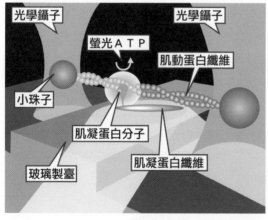

將肌動蛋白纖維的兩端固定在小珠子上面，用光學鑷子夾好，再放到玻璃台的肌凝蛋白纖維上使其滑動，使肌動蛋白和肌凝蛋白分子相互作用。

⬇

如此不但可以觀察到一個ATP分子在結合、分解和分離時的情形，還可藉著測量小珠子的移動距離，來計算一個ATP分子分解時所產生的能量。

（本製圖參考大阪大學生命機能研究所奈米生物體科學課程「soft biosystem group」的網頁所製成）

第**7**章

人體是
如何構成的？

從第二章開始，我就覺得有個地方怪怪的。像是羽毛的細胞和鳥嘴巴的細胞，應該是兩種不同的細胞，可是最初只有一個受精卵細胞對吧？不管受精卵再怎麼分裂，不也只能製造出跟它一模一樣的細胞嗎？

這是個好問題。雖然都統稱為「細胞分裂」，不過正在發育的細胞和發育成熟的細胞，分裂過程其實並不一樣喔！

有什麼不一樣呢？

最初開始發育的細胞，也就是所謂的受精卵，會隨著細胞分裂的過程分化出各種不同的身體部位，此時各部位的運作基因種類也會固定下來。換句話說，如果是肌肉組織的細胞，就只有與肌肉相關的基因會運作並進行細胞分裂，以製造出新的肌肉細胞。

我懂了。所以肌肉被製造出來以後，肌肉組織就只會運用同樣種類的基因，製造出新的肌肉來維持肌肉組織的狀態⋯⋯嗯，真有道理！

探索受精的奧祕
生命誕生的瞬間

⊙ 生物因具有不同性別之分而得以混合、篩選基因

　　為什麼人類會有男女之分呢？事實上，有性別差異的生物不只是人類而已，甚至連草履蟲之類的原生動物，也會有不同的性別。以草履蟲來說，兩個不同性別的個體會先個別製造出一個備用的細胞核，然後互相緊貼在一起（這個現象稱為「接合生殖」），交換對方身上的備用細胞核。在草履蟲身上，「公」和「母」的區別雖然尚無定論，不過由於兩隻同性草履蟲並不會進行接合生殖，這就算是一種「性別」的區分。

　　生物之所以會有性別上的差異，一般認為是為了要混合不同個體的基因，以便繁衍出新的下一代。試想如果生物沒有性別差異，而將自己的基因全部傳給子孫的話，會發生什麼事呢？若是某個基因已經損壞，這個壞掉的基因就會「代代相傳」到所有子孫的身上；不過，如果生物可以從其他個體身上獲得正常的基因來代換，壞掉的基因就不會傳給後代。因此，從最初「原生動物互相交換細胞核」的行為開始，隨著生物不斷地演進，便形成現今「從母親身上獲得『卵子』、從父親身上獲得『精子』」的受精行為。

　　接著，就來看看人類如何透過卵子和精子進行受精。當卵子從母親的卵巢排出之後，便會進入輸卵管中，並在此處進行受精。另一方面，男性每次射精的精液當中大約含有兩億顆精子，不過當中只有一顆可以順利與卵子結合，完成受精的任務。在我們身上的基因，有一半就是來自這顆幸運的精子；換句話說，在受精的那一瞬間，我們的基因就已經是戰勝群雄的精英分子了。

⊙ 受精行為並非只靠單一精子完成

　　不過，其他精子並非完全沒有派上用場。在人類的卵子外面，包著一層堅固的透明保護膜（即放射冠和透明帶），精子為了要達成受精的任務，就必須突破這一層堅固的防護罩才行。每一顆精子身上都有一枝可以

突破防護罩的長矛（即透明質酸酶和頂體素等酵素），可是光靠一顆精子的力量根本毫無作用，必須要許多精子一起射出長矛，才能順利突破防護罩。在精液裡的兩億顆精子當中，大約只有三百到五百顆精子能夠順利到達卵子所在處。不過，即使這些精子一起射出長矛，也只有最先到達卵子的精子，才能達成「受精」的任務。一旦卵子受精以後，透明帶的性質就會急速改變，讓之後才到達的精子無法再進入受精卵中。

||||||單細胞生物也有「性別」差異

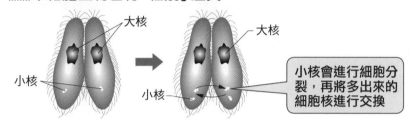

||||||受精的機制

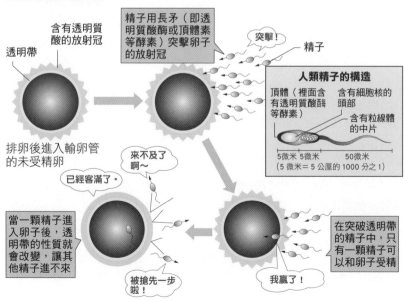

胚胎發育的準備
製造身體的第一步就從卵子生成開始

⊙ 卵子生成時即開始了胚胎發育的準備

當卵子和精子結合在一起後，胚胎就會開始發育，從單純的圓形細胞逐漸製造出複雜的身體構造。如果仔細研究一下這些發育過程，便會發現胚胎發育的機制實在非常巧妙，令人讚嘆不已。

由於卵子和精子上面分別帶著來自父母親的基因，一般便容易誤以為一定要等到受精以後，這些基因才會開始運作而製造出身體來。不過，其實早在卵子生成的那一刻起，胚胎發育的準備工作就已經開始進行了。當母親體中製造出卵子的時候（即卵子生成之際），會將啟動胚胎發育的必要資訊一起放入卵子當中；這些資訊並非基因ＤＮＡ，而是以蛋白質或是ｍＲＮＡ等形式不均勻地分布在卵子的細胞質當中。

⊙ 各生物的卵子準備情形

以果蠅來說，當卵子被製造出來以後，除了從供給卵子養分的營養細胞那邊取得養分以外，也會獲得決定身體前後端發育方向的必要遺傳資訊。舉例來說，即將發育成果蠅頭部的地方，會有大量的bicoid mRNA累積，而另外一邊的身體尾端則會累積大量的Nanos mRNA；這些ｍＲＮＡ所轉譯出來的蛋白質，在胚胎前後方向的決定上扮演著極為重要的角色。

再以青蛙胚胎的發育為例，當卵子生成的時候，卵母細胞（即之後會發展成卵子的細胞）的細胞核會努力地製造出各種不同的ｍＲＮＡ，之後這些ｍＲＮＡ會被運送到細胞質中，分別以ｍＲＮＡ、蛋白質或核糖體等形式不均勻地配置儲存在卵子的細胞質中。由於發育過程中所需的ｍＲＮＡ或蛋白質，都已經事先儲存在卵子內部的重要之處，所以一旦受精、引發胚胎發育之後，受精卵就可以順利進行卵裂。

嗯……「發育」是什麼意思啊？

我們第3章有講過，你忘了嗎？就是指「從受精卵長為成熟個體」的過程啊。

‖‖‖‖胚胎發育的準備工作

在受精之前，卵子當中就已經存在
著許多種mRNA，為胚胎發育做
好準備

果蠅的卵子

bicoid mRNA聚
集的那一端，以後
就會長成果蠅的頭
部。

決定身體前後方向的基因
所製造的mRNA（bicoid
mRNA），會集中在卵子的
某一端

‖‖‖‖青蛙的卵子生成

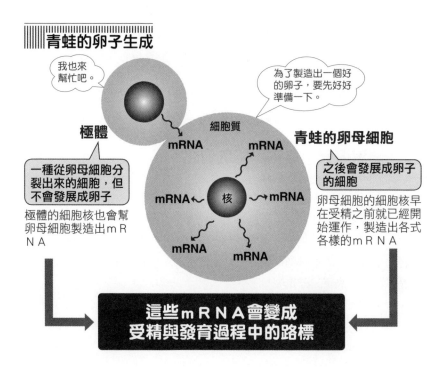

我也來
幫忙吧。

極體

為了製造出一個好
的卵子，要先好好
準備一下。

細胞質

mRNA　　　mRNA

mRNA←　核　↘mRNA

mRNA　　mRNA

青蛙的卵母細胞

一種從卵母細胞分
裂出來的細胞，但
不會發展成卵子

極體的細胞核也會幫
卵母細胞製造出ｍＲ
ＮＡ

之後會發展成卵子
的細胞

卵母細胞的細胞核早
在受精之前就已經開
始運作，製造出各式
各樣的ｍＲＮＡ

這些ｍＲＮＡ會變成
受精與發育過程中的路標

細胞的分化
細胞是如何決定分工的？

◆ 受精卵可以分化出各種細胞

當受精結束以後，卵子和精子的細胞核就會融合在一起，形成一個新的細胞核，胚胎發育也由此展開。由於卵子比一般細胞要大上許多，所以受精卵細胞即使開始進行細胞分裂，也不需要先讓體積變大（譯注：細胞分裂時，原細胞體積會先增加一倍，使增生細胞與原細胞大小相同），因此隨著胚胎的發育，不斷增生的細胞就會愈變愈小，這種細胞分裂的方式就稱為「卵裂」。

原本只是單一細胞的受精卵在卵裂之後，剛開始不過只是一群細胞的集合，但隨著卵裂不斷重複進行，這群細胞會逐漸表現出身體大略的部位特徵，確立何處是身體的前後端或左右側。之後，各個細胞即會表現出獨有的特性，有的細胞會變成神經細胞，有些細胞則會變成肌肉細胞。

意即，單一細胞的受精卵原本具有分化出各種細胞的能力（全能性），但是隨著受精卵不斷發育，各個細胞的發育方向會逐漸受到限制。生物學家曾利用實驗從胚胎中取出未來註定會長成肌肉的細胞，放在培養皿中培養，結果發現那些細胞只會長成肌肉細胞，而不會長成神經細胞。

◆ 「器官導體」影響細胞的分化

如同前述，雖然這些細胞從外表看來還不具有神經細胞或肌肉細胞的特徵，可是它們身上已經背負著「未來註定會長成哪一種細胞」的命運，這在生物學上稱為「決定」；此外，各式各樣的細胞會表現出本身獨有的特徵，此即稱為「分化」，尚未表現出特徵的細胞稱為「未分化細胞」，已經表現出特徵的細胞則稱為「已分化細胞」。如此說來，究竟是什麼在影響著細胞的決定與分化呢？

十九世紀時，德國的發育學家史匹曼（一八六九～一九四一）發現了所謂的「器官導體」，會誘導未分化的組織形成各種組織或器官。長久以來，人們一直不清楚「器官導體」的真面目，但在最近十幾年當中，各

種具有器官導體功用的分泌性因子（例如屬於生長因子之一的活化素）陸續被發現，而且還能藉由控制各種條件，讓這些因子與未分化細胞發生作用，使其分化成各式各樣的細胞。

目前生物學家普遍認為，只要這些分泌性因子開始產生作用，就會使細胞製造出特異性的轉錄因子，而這些轉錄因子又會啟動某些特定的基因，引發細胞的決定與分化。

||||分化和未分化

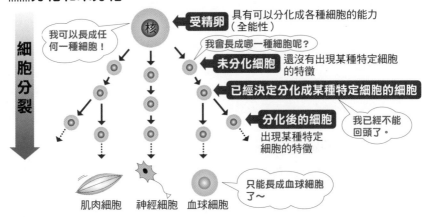

||||細胞「決定」與「分化」的影響因素

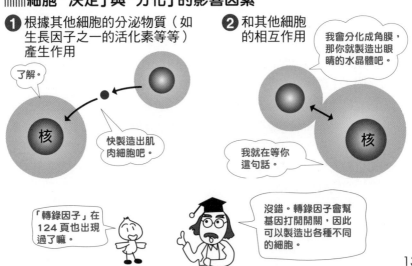

細胞長成組織，組織長成器官
身體製造完成之前的過程

◎ 相同種類的細胞會互相聚集在一起

在人體當中，肝臟細胞就位在肝臟、心臟細胞就位在心臟，絕對不會出現在身體的其他部位；簡單來說，這是因為各種細胞之間有性質合不合得來的問題。舉例而言，若將肝臟和心臟全部細切成一個個的肝臟細胞和心臟細胞，再把這些細胞全部混在一起後，肝臟細胞就會自己聚成一群，心臟細胞也會聚成一群，但肝臟細胞和心臟細胞並不會聚在一起。這是因為在細胞的表面上有一種稱為「鈣黏蛋白」的蛋白質，其種類會隨著不同細胞而改變。

就像這樣，分化後的細胞會和相同種類的細胞聚在一起，形成「組織」，接著複數的組織再聚集形成具有更複雜功能的「器官」。

◎ 不同種類細胞的連接機制

如此說來，種類完全不同的細胞又要如何連接在一起呢？舉例來說，各個神經細胞都有一個可受其控制的細胞（目標細胞），像是控制大腳趾動作的運動神經會從腦部延伸到大拇指，並在該處與肌肉細胞相互連接。不過，神經細胞又是如何能夠毫無錯誤地和目標細胞連接在一起呢？

事實上，目標細胞會分泌出一種神經細胞的「救命仙丹」（即神經細胞賴以維生的神經營養因子），而每一個神經細胞為了獲得養分，就會把手（即神經纖維）伸至各處；如果神經細胞接觸到的不是自己的目標細胞，彼此之間的結合就無法長久維持，神經細胞又會接著繼續將手伸向其他的細胞，不斷地重複進行嘗試。一旦神經細胞找到目標細胞之後，兩者之間的連結就能永遠保持下去。

不過，神經細胞就像身上帶著一顆定時炸彈般，如果無法在一定的期限內找到目標細胞，就會自動死亡。正是由於這些找不到目標細胞的神經細胞會自動消滅，人體內才不會存在著多餘的神經細胞，讓神經細胞和肌肉細胞之間能夠順利保持著一對一的對應關係。

|||||相同種類的細胞會聚集在一起、形成器官

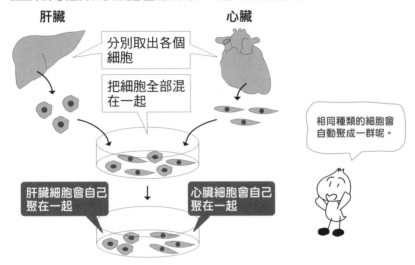

肝臟

心臟

分別取出各個細胞

把細胞全部混在一起

肝臟細胞會自己聚在一起

心臟細胞會自己聚在一起

相同種類的細胞會自動聚成一群呢。

|||||神經細胞找到目標細胞的方法

神經細胞有特定可控制的目標細胞，因此它會把神經纖維往外延伸，到處尋找自己的對象	找到對象後，彼此之間的結合就能永遠維持	若在一定期限內沒找到目標細胞，神經細胞就會死亡

喂～我的對象在哪裡啊～

肌肉細胞

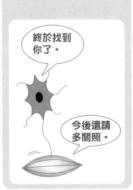

終於找到你了。

今後還請多關照。

動物的身體藍圖
製造身體的分子設計圖

⊙ 動物身體構造的規則性

　　身體的各種器官被製造出來以後，還必須配置在正確的位置上才能夠發揮功用，就像心臟要位在胸部的中央，消化道要位在腹部等等。一般來說，動物的身體具有前後兩端和左右兩側的方向性，並可大略分成頭部、胸部、腹部和尾部等幾個部分；此外，動物體內還會沿著身體的中央軸線，重複性地配置一塊一塊的骨頭，形成有如脊椎般的構造。不過另一方面，動物身上的某些部位也會有其不同的特徵，例如頭部長滿毛髮，但臉部卻不長毛髮等等。

　　那麼，動物的身體究竟是如何產生這些重複性的配置以及不同特徵呢？

　　這個疑問之所以能夠獲得解答，靈感其實是來自果蠅這種小蒼蠅的研究。這種蒼蠅一般會有兩片翅膀和兩根短棒狀的平衡棒（譯注：為果蠅演化上的退化後翅），但有時候卻會出現一些長有四片翅膀的突變種。此外，一般果蠅的頭部前端會長出觸角，但有些突變種頭上長出的卻是腳。這些突變的果蠅是由於製造身體特徵的基因損壞，才會出現平衡棒長成了翅膀、觸角長成了腳等異常現象。

⊙ 「同位序列基因」負責引導身體各部位的構成

　　像這些和製造身體形狀有關的基因，彼此之間的構造都很類似，因此便統稱為「同位序列基因」。同位序列基因所製造出來的蛋白質，會直接與ＤＮＡ結合，以調節特定基因的轉錄。如此一來，身體各個部位便會逐漸產生自己的特性。

　　此外，之後的研究結果更發現除了果蠅之外，包括人類在內的脊椎動物也都具有這種同位序列基因，而且還分成許多種類；這些基因在ＤＮＡ上排了成一列，並且會依照頭部、胸部、腹部、尾部的先後順序來進行運作。

▊▊▊動物的身體構造有固定的配置

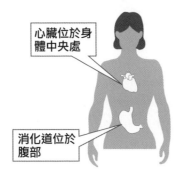

心臟位於身體中央處

消化道位於腹部

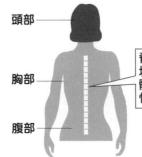

頭部

胸部

腹部

脊椎是由一塊塊骨頭沿著身體中心軸重複性地排列而成

▊▊▊同位序列基因

一般的果蠅
（長有兩片翅膀和兩根平衡棒）

長出四片翅膀的果蠅
（平衡棒變成翅膀）

平衡棒

突變

突變

頭上長出腳而非觸角的果蠅

有可能是因為同位序列基因（和製造身體有關的基因）發生異常

負責頭部　負責胸部　負責腹部　負責尾部

1 **2** **3** **4** ┈┈┈

各種同位序列基因會各自製造出自己所負責的身體部位

在ＤＮＡ上排成一直線、彼此相鄰

同位序列基因的排列順序，正好可對應到它們所負責部位的先後順序。

143

生殖器官的分化
性荷爾蒙造成男女性的身心差異

⊙ 男女擁有不同的性染色體

男性與女性之所以會有差異，主要源自性染色體的不同；男性擁有X染色體和Y染色體各一，女性則是擁有兩個X染色體。在男性特有的Y染色體上，有一些和男性化特徵密切相關的基因，其中有一種稱為「ＳＲＹ」的性別決定基因，會引發睪丸的分化，另外還有一些基因則與精子的形成有關。

不過，生殖器官會長成男性器官或女性器官，並非只靠基因決定，同時也和性荷爾蒙及其受器有關。接下來，便要介紹性荷爾蒙會為人類身體和腦部帶來什麼樣的影響。

⊙ 性荷爾蒙造成男女之別

首先，在胎兒的生殖腺原基要分化成卵巢或睪丸的這段期間，性荷爾蒙扮演著關鍵性的角色。如果胎兒是男性，一旦Y染色體上的ＳＲＹ基因開始運作，胎兒的原始性腺便會分化成睪丸，並開始分泌男性荷爾蒙；接下來，男性荷爾蒙會在中腎管內發生作用，製造出副睪丸和輸精管等器官，而攝護腺和外部性器也會逐漸發育，最後就形成了男性的生殖器官。

另一方面，如果胎兒是女性的話，由於身上沒有ＳＲＹ基因，原始性腺便會分化成卵巢，並開始分泌女性荷爾蒙；接著，女性荷爾蒙會在副中腎管內發生作用，而發育出輸卵管、子宮和陰道等器官。就這樣當新生兒誕生之際，由於前述的發育機制所造成外部性器的形狀不同，人們便可以簡單分辨出小孩的性別。不過，有時也會因為ＳＲＹ基因和性荷爾蒙發生異常，導致胎兒即使性染色體為ＸＹ，卻長出女性的生殖器官，或是性染色體為ＸＸ，卻長出男性的生殖器官。

除此之外，性荷爾蒙也會影響到人體的腦部運作。在胎兒期的時候（懷孕後五十～九十天），如果男性荷爾蒙發揮作用，腦部就會逐漸趨向男性化；若男性荷爾蒙沒有產生作用的話，腦部則會趨向女性化。

在孩童時期，雖然有一段時間性荷爾蒙的分泌量會下降，但成長荷爾蒙卻會相對地分泌旺盛，因此小孩會逐漸長高，體重也跟著增加。直到青春期的時候，性荷爾蒙又會再度發生作用，導致骨骺線的閉合，使骨頭停止成長。在男性身上，男性荷爾蒙會促使精子生成，同時還會使鬍子變得濃密、骨骼和肌肉變得發達，使男性發育出雄壯的體格；另一方面，女性身上則會因為女性荷爾蒙的分泌，促進乳腺的發育，並製造出女性豐滿的體型，甚至使女性表現出女性化的行為舉止。

由於性荷爾蒙的關係，青春期時身體往往會發生急速且劇烈的變化，此時若沒有來得及調整心態，就容易出現適應不良等問題。

||||||男性和女性的差異

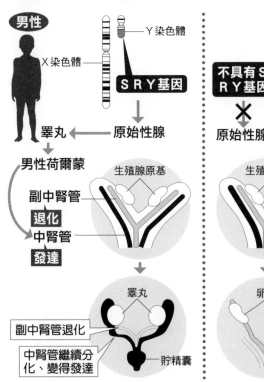
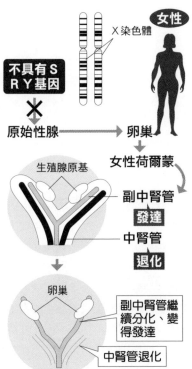

複製羊桃莉的誕生
複製人有可能被製造出來嗎？

⊙ 動物無法像植物般自我再生複製

近年來全球不斷地在討論複製人是否有可能被製造出來的話題，但這個「複製人」究竟是什麼意思呢？

「複製（clone）」，指的是製造出另一個和原本的生物在遺傳基因上完全相同的生物個體。「clone」這個字的意思是希臘文中「植物的小枝」，原為植物學上的專門術語。有些植物若將小枝切下插在土壤裡，就會生出新的根，並再度長成一株完整的植物；像這樣經由接枝所長成的植物，其基因組成會和原本的植物一模一樣，可說是名符其實的「複製植物」。

長久以來，人們就不斷地利用接枝的方式來繁殖植物的下一代；然而要製造出一隻「複製動物」，卻一直是一件相當困難的事情。

之所以會如此有幾個原因。以植物來看，如果切下其一部分進行接枝的話，植物就會自動再生出其他的部位；但是，動物身上並沒有這種再生能力，最了不起的例子頂多是壁虎的尾巴，若被切掉以後還可以再重新長出來；但要是壁虎只剩下了腦部，絕對無法再生出身體的其他部位，更別說要是失去了心臟等重要器官，壁虎根本無法繼續存活下去。

⊙ 第一頭複製成功的哺乳類動物──桃莉羊

動物的發育過程遠比植物要來得複雜。回想一下第一百三十八頁提到的「細胞分化」，動物的受精卵具有可以分化成各種細胞的能力（全能性），可是已經分化的細胞就再也無法長成其他種類的細胞；因此，如果想要複製動物，就一定得從受精卵的階段開始做起。不過，像受精卵這樣尚未分化的細胞和已經分化的細胞（如神經細胞、表皮細胞），兩者的細胞核運作機制並不相同，因此就算從已經分化的細胞中取出細胞核，將它放進已剔除細胞核的未受精卵裡，製造出一顆「類似」受精卵的細胞，但實驗結果證實，這樣的細胞根本無法正常發育。

不過就在距今大約四十年前，生物學家成功地製造出第一隻複製青

蛙，之後更進一步邁向哺乳類動物（如老鼠）的複製研究。到了一九九七年二月，英國蘇格蘭的羅斯林研究所宣布，他們已經成功製造出世界上第一頭的體細胞複製羊，取名為「桃莉」。

桃莉羊之所以能夠順利誕生，其祕密就在於研究人員取出複製用的乳腺細胞之後，先暫時放進血清濃度極低的培養皿中予以培養（血清飢餓法），如此一來，原本不斷進行分裂的乳腺細胞就會停止合成ＤＮＡ以及細胞分裂等活動，進入休眠狀態；接著，再將這個乳腺細胞的細胞核放進已剔除細胞核的未受精卵中，結果受精卵果然可以正常地進行發育。由此可知，過去之所以無法成功複製動物，關鍵就在於當時尚未找到一種方法，可以讓各個細胞回復到當初受精卵時期所具有的全能性。

生物學家一般認為，桃莉羊的乳腺細胞是藉由休眠行為，獲得了分化時控制基因運作的調節物質，因此才能回復到與受精卵相同的狀態。

世界上第一隻體細胞複製羊「桃莉」的誕生

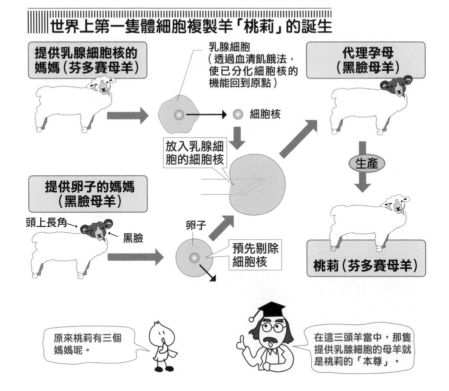

原來桃莉有三個媽媽呢。

在這三頭羊當中，那隻提供乳腺細胞的母羊就是桃莉的「本尊」。

147

可隨意進行分化的胚胎幹細胞
什麼是「胚胎幹細胞」？

▶ 由胚胎取出具全能性分化能力的幹細胞

前一節曾經提到，細胞經過分化以後，就很難再變成其他種類的細胞；不過，既然血球細胞和肌肉細胞都有一定的壽命，那麼為了補充死去的細胞，在人體的某處應該會有同等數量的新細胞不斷地誕生。於是，經過仔細地研究之後，發現人體當中其實還殘留著一些數量非常少的未分化細胞，可以分化成許多種細胞，因此便依據「構成器官和組織的細胞源頭」之意，而稱其為「幹細胞」。

如果肌肉受了傷，受傷的肌肉細胞就會死亡；不過，這些細胞的死亡就像是扣下了手槍的扳機一樣，會觸發幹細胞進行細胞分裂，製造出許多的未分化細胞，接著這些未分化細胞再一起分化成肌肉細胞，使肌肉組織再生。

不過，肌肉幹細胞能夠分化成的細胞種類是有限的，因此除了肌肉的再生之外，如果想要更廣泛地應用幹細胞，最容易使用的對象便是具備了分化成各種細胞能力的分化初期幹細胞。這種從發育途中的胚胎所取出的幹細胞，特別被稱為「胚胎幹細胞」（embryonic stem cell，簡稱「ＥＳ細胞」）；由於只要在特定的體外培養條件下，胚胎幹細胞就可以分化成特定細胞，因此各界均期待能將胚胎幹細胞應用在所謂的「再生醫療」上，也就是利用胚胎幹細胞製造出再生器官，用以替換因受傷或手術而失去的器官（參見下一節）。

||||何謂「胚胎幹細胞」？

Embryonic Stem Cell
⬇
ＥＳ細胞：胚胎幹細胞之簡稱

胚胎幹細胞在所有幹細胞中應用範圍特別廣泛，也因此特別受到期待。

◆胚胎幹細胞的研究須受規範

不過，若人類的胚胎細胞被用於製造複製人，後果將不堪設想，因此也出現了推動法案以禁止相關研究的行動。例如日本即效法歐美各國，加速制定了禁止製造複製人的法案，並在二〇〇〇年十一月由國會正式立法通過「複製人禁止法」（正式名稱為「人類相關複製技術規範法」）。

該法明文規定，如果在日本國內製造複製人者將處以徒刑，但另一方面亦允許胚胎幹細胞的科學研究。

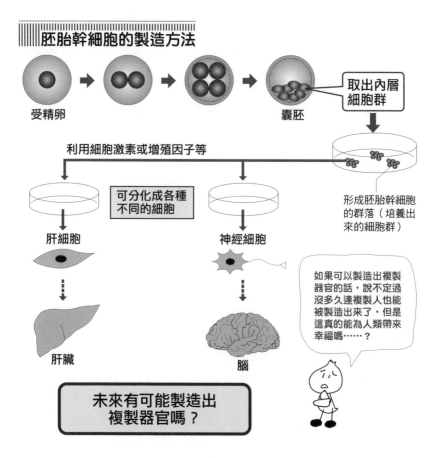

|||||胚胎幹細胞的製造方法

受精卵 → → → 囊胚

取出內層細胞群

利用細胞激素或增殖因子等

可分化成各種不同的細胞

形成胚胎幹細胞的群落（培養出來的細胞群）

肝細胞

神經細胞

肝臟

腦

如果可以製造出複製器官的話，說不定過沒多久連複製人也能被製造出來了，但是這真的能為人類帶來幸福嗎……？

未來有可能製造出複製器官嗎？

利用胚胎幹細胞發展再生醫療
被賦予期待的未來醫療技術

❖ 現行人體移植技術的問題點

如果有部分身體器官因生病或受傷而損壞，現今醫療技術可以把人造的替代物（人工器官）放入體內，取代原本器官的功能。目前除了腦部以外，人體幾乎各部位的人工器官都在進行開發；不過，這些器官畢竟不是身體原本的一部分，因此人工器官的移植部位有時便會出現發炎等問題。

此外，若要直接移植活體器官的話，除了器官捐贈者數量極少的問題外，病人身上的免疫細胞（參見一百五十六頁）也會對外來的器官產生排斥反應；然而，如果利用免疫抑制劑來減少器官受贈者體內的排斥反應，卻又可能造成免疫力降低，導致細菌或病毒的感染機率大幅增加，而諸如此類的問題經常為人所詬病。

❖ 再生醫療技術的發展

因此，能夠利用自身幹細胞或人類胚胎幹細胞的「再生醫療」，就成了目前最受矚目的研究之一，期待有一天人類能夠在體外培養幹細胞或胚胎幹細胞，使它們分化成各種不同的組織或器官後，再移植到人體內。

近年來，細胞分化的機制已逐漸被解開，也已經得知某些化學物質會引發細胞分化成某種特定的細胞。因此，生物學家也開始嘗試從人體內取出幹細胞，在培養皿中培養增殖，並依據需求添加不同的化學物質，使這些幹細胞分化成肌肉細胞或血球細胞等。

事實上，美國的歐西里斯生技公司已經利用一種人體骨髓中可分化成各種細胞的間質幹細胞，開發出人體軟骨、肌肉、骨頭等的分化技術。

除此之外，人類胚胎的胚胎幹細胞研究也不斷出現新的進展。美國的先進細胞科技公司公開對外表示，他們已經可以利用複製技術，成功地複製出人體胚胎。該公司的目標是要透過製造病患本人的複製胚胎，為病患打造個人專屬的「我的胚胎幹細胞」，如此便能配合病患的狀況，利用病患個人專屬的胚胎幹細胞預先製造出各式各樣的組織或器官，當病患的器官惡化到無法使用之際，便可利用這些再生器官進行移植。

‖‖‖‖器官移植的問題點

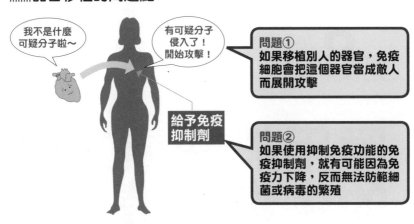

我不是什麼可疑分子啦～

有可疑分子侵入了！開始攻擊！

問題①
如果移植別人的器官，免疫細胞會把這個器官當成敵人而展開攻擊

給予免疫抑制劑

問題②
如果使用抑制免疫功能的免疫抑制劑，就有可能因為免疫力下降，反而無法防範細菌或病毒的繁殖

‖‖‖‖再生醫療的構想

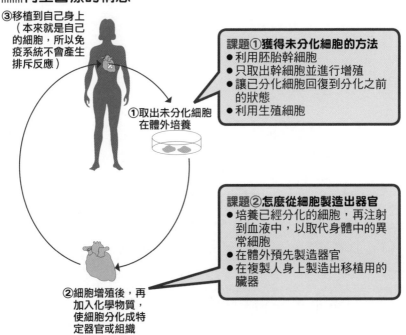

③移植到自己身上（本來就是自己的細胞，所以免疫系統不會產生排斥反應）

①取出未分化細胞在體外培養

課題①獲得未分化細胞的方法
● 利用胚胎幹細胞
● 只取出幹細胞並進行增殖
● 讓已分化細胞回復到分化之前的狀態
● 利用生殖細胞

課題②怎麼從細胞製造出器官
● 培養已經分化的細胞，再注射到血液中，以取代身體中的異常細胞
● 在體外預先製造器官
● 在複製人身上製造出移植用的臟器

②細胞增殖後，再加入化學物質，使細胞分化成特定器官或組織

第**8**章

應用於醫療方面
的生物知識

咳嗽一直停不了，燒也退不下來，感冒真是討厭！咳……咳……咳……

不，不能這麼說，這些討厭的咳嗽和發燒，是在幫你把侵入體內的病毒給解決掉呢！

奇怪，為什麼身體會知道我感冒了呢？

我們的身體中有一種機制，可以區分出自己和外來物的差別，當外來物侵入體內時，身體就會展開總攻擊。即使現在感冒很難受，但最後都能逐漸好轉，正是多虧了身體有這樣的機制。

可是我連續燒了三天都還沒好，身體的什麼機制也好像快撐不住了。比起講生物學的東西，還不如趕快去幫我買感冒藥啦～

感冒藥也是生物學知識活用下的產物喔！你現在還是多念點生物學比較好，等到以後出現更多新的疾病治療方法，就能夠做出最正確的判斷。你看，我買了冰淇淋給你退燒，開心一點吧。

什麼是「健康」?
生物學和醫學的接軌

⊙ 幫助體內維持「恆定性」的補充藥物

　　無論是誰，應該都希望自己能夠活得健健康康、長命百歲。常常有人說，健康的人往往不會有自覺，等到突然生病的時候，才會發現原來自己以前很健康。既然如此，要如何才能夠不生病、不臥病在床，永遠保持年輕，而保有所謂的「高QOL值（即生活品質）」呢？

　　近年來，醫學和生物學進展神速，科學家也逐漸得知有哪些因素會影響到我們的健康，甚至使人生病或老化。因此，活用這些生物學知識而開發出來的新型保健法或疾病治療法，便逐漸地受到注目。

　　人體中有一種維持「恆定性」的運作機制，可以使荷爾蒙或離子維持在一定的濃度範圍內。不過，只要其中一種荷爾蒙的濃度突然改變，就會造成人體各式各樣的危害。

　　舉例來說，更年期女性時常會出現各種身體不適的情況，因為身體進入了停經期，體內女性荷爾蒙的濃度急速下降。為此，科學家開發出一種利用藥物來補足女性荷爾蒙的新型治療方式，稱為「荷爾蒙補充療法」。

⊙ 各種營養補充劑被開發出來

　　除了荷爾蒙以外，為了補充體內不斷減少的各種物質（如維他命、各種離子等），各種營養補充劑被開發問世，成為在市面上販售的保健食品。

　　除此之外，目前也已得知活性氧的「氧化壓力」是加速人體老化的重要因素之一。上了年紀的人之所以臉上皺紋會愈來愈多，就是因為皮膚中有一種稱為「膠原蛋白」的蛋白質，會隨著年齡增長而逐漸氧化，造成分子之間亂七八糟地黏附在一起，而失去原本的彈性。

　　舉例來說，相較於幾乎都在室內工作的上班族，同年齡但整天在戶外種田曬太陽的農民，其臉上的皺紋大多會比上班族要來得多；這是因為陽光中的紫外線照射到皮膚之後，促使皮膚中的膠原蛋白氧化，才會產生更

多的皺紋。

　　不過，引發氧化而造成蛋白質老化的原因，並不只限於陽光中的紫外線；像糖尿病這一類的生活習慣病，也會因體內產生活性氧而使得蛋白質老化。由於維他命 E 能有效中和這些體內產生的活性氧，因此一般認為適當補充含有維他命 E 的營養補充劑，便能夠有效地預防生活習慣病。

▎▎▎▎荷爾蒙補充療法

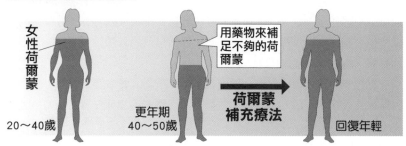

女性荷爾蒙

用藥物來補足不夠的荷爾蒙

荷爾蒙補充療法

20～40歲　　更年期 40～50歲　　回復年輕

▎▎▎▎長出皺紋的原因

臉上的皺紋　因為皮膚的膠原蛋白分子開始老化

膠原蛋白分子（三螺旋狀分子）

膠原蛋白分子

膠原蛋白分子之間的交聯

膠原蛋白分子若老化，分子之間的交聯就會增加，而失去原本的柔軟度⇒長出皺紋的原因

「健康」到底是什麼呢？

這是個很難回答的問題，因為每個人對健康的定義或許都不太一樣。不過簡要來說，健康應該就是「身體沒有生病或受傷，過著身心都很充實的生活」吧。

什麼是「免疫」?
體外隨時有敵人虎視眈眈

⊙ 人體有一套自我防衛機制

　　前面提到，人體中有一種維持「恆定性」的機制，可以讓體內的環境隨時保持在一定的性質範圍之內；但相反地，這種穩定的環境也很適合其他微生物居住。因此，人體經常處在可能會被細菌或病毒等外敵侵襲的危險當中，如果沒有具備一套防禦外敵、保護自己的方法，人體可能一下子就會被病菌或病毒侵蝕掉了。

　　在我們的身體當中具有一種機制，可以辨識人體本身（自我）的構成物質以及人體本身以外（非我）的物質。人體運用這種分辨的能力，發展出一種稱為「免疫」（即「免除疫病」的意思）的自我防衛系統，可抵抗入侵體內的病菌或病毒。人體中有許多種細胞和物質負責免疫的工作，彼此之間會同心協力、互相合作，一同肩負起體內的防禦工作。接下來，就要介紹人體內主要的免疫成員。

⊙ 免疫系統的運作模式

　　當身體外部有細菌之類的異物（抗原）入侵體內，抗原提示細胞（如「巨噬細胞」）會先通知一種由骨髓所製造出的淋巴球「輔助T細胞」，輔助T細胞再傳送指令給另一種稱為「B細胞」的淋巴球，使其製造出一種可以和細菌的表面物質產生特異型結合、稱為「抗體」的物質。抗體其實是一種叫做「免疫球蛋白」的蛋白質，會隨著血液不斷在體內循環，如果剛好碰到入侵的抗原，就會和抗原產生結合（這個反應稱為「抗原抗體反應」）；如此一來，抗原的功能會受到抗體的阻礙，細菌就無法再繼續增殖下去。像這種以抗體為主的免疫作用，就稱為「體液性免疫」。

　　除此之外，抗體還有其他的幫手可協助打敗外來的病原體。例如前述所提到負責發現抗原的巨噬細胞，它會靠近和抗體結合的細菌並將其吞沒，使細菌完全被破壞掉；此外，血清中還有一群稱做「免疫補體」的蛋白質，會一個個地與抗體結合，最後製造出像錐子狀的物質，並利用這個

錐子在細菌的細胞膜上開一個洞，把細菌殺掉。

另一方面，如果入侵體內的異物是病毒的話，人體的免疫反應就會和細菌侵入時不同，是由免疫細胞親自進行破壞的工作。這種免疫細胞稱為「殺手T細胞」，它會緊緊捉住被病毒感染的細胞，把細胞連同入侵的病毒一起殺掉。像這樣由免疫細胞親自對抗病原體，直接發揮免疫作用的反應，則被稱為「細胞性免疫」。

免疫的特徵

可以區分自我和非我	免疫機能對人體本身的構成物質不會產生作用
可以對抗許多種外敵	免疫系統可以對付數目極多的敵人
可以記住入侵的抗原	免疫系統會長久記住初次入侵的抗原，當同樣的抗原再次入侵時，就可以立刻出擊

免疫的連鎖機制（液體性免疫）

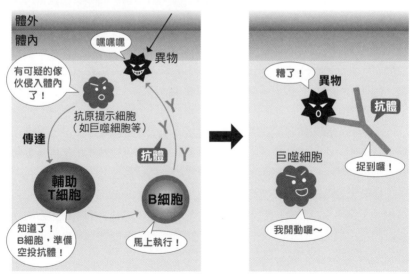

157

抵抗各種外敵的免疫系統
人體對抗未知外敵的方法

➡ 人體的免疫系統可對付相當多種抗原

我們的身體週遭存在著各種細菌和病毒等外敵，經常以人體做為攻擊目標。人體完全不知道這些敵人會在什麼時候、用什麼方法進行攻擊，然而無論面對什麼樣的情況，只要外面的敵人一侵入身體，人體複雜的免疫系統就能立即對這些敵人發動攻擊；不僅如此，免疫系統也不會搞錯目標而攻擊到人體本身的細胞，這是為什麼呢？

由B細胞所製造出來的抗體，可以和非常多種的抗原發生反應，種類約高達十乘以十次方以上。不過，經過研究製造抗體的免疫球蛋白基因之後卻發現，基因上的鹼基對數量其實相當地少，因此「為什麼身體可以製造出這麼多種抗體，以和抗原產生特異性反應」的這個問題，長久以來一直是生物學上的一大謎團。

➡ B細胞具有保護人體的自殺機制

解開這個謎團的，是美國麻省理工大學利根川進教授所領導的研究團隊。利根川教授發現，B細胞中用以製造抗體的免疫球蛋白基因，其鹼基序列竟然會自行產生變化。在此之前，生物學家均普遍認為人體在發育的時候，即使細胞不斷地進行分裂，基因的鹼基對本身也絕對不會有所改變。因此，利根川教授最早發表了有關現象的時候，幾乎震驚了世界上所有的生物學家。

人體的免疫系統在胎兒時期就會建構完成，在這段期間，B細胞會不斷進行細胞分裂以增加數量；此時每一個B細胞的免疫球蛋白基因，其鹼基序列會隨機地改變，而產生出各式各樣的免疫球蛋白基因。

由於上述的機制，人體得以製造出各種不同的B細胞。不過，如果有B細胞製造出來抗體會攻擊人體本身的構成物質，這種B細胞就會自殺，從身體當中消失。如此一來，會和自體物質反應的B細胞都會消失不見，

而剩下的 B 細胞就只會製造出對抗未知敵人的抗體；因此當免疫系統建構完成的時候，體內所有 B 細胞的抗體就不會攻擊人體本身的構成物質了。

|||||解開免疫系統之謎

❶ 免疫系統要如何立即應付這些形形色色的外敵，甚至是從未碰過的敵人？

↓

抗體的基因（免疫球蛋白基因）上有部分的鹼基序列會產生變化，製造出各種抗體

❷ 在這麼多抗體中，難道不會出現一些攻擊人體本身成分的抗體嗎？

↓

只要是會和人體本身構成物質發生免疫反應的 B 細胞，都會自我犧牲

|||||抗體的多樣性

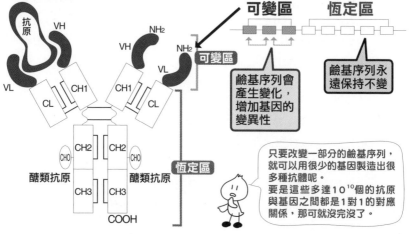

<**抗體的構造**>

<**免疫球蛋白基因**>

可變區　　　　恆定區

鹼基序列會產生變化，增加基因的變異性

鹼基序列永遠保持不變

只要改變一部分的鹼基序列，就可以用很少的基因製造出很多種抗體呢。
要是這些多達 10^{10} 個的抗原與基因之間都是 1 對 1 的對應關係，那可就沒完沒了。

免疫系統失控會產生過敏反應
目前所知有關過敏反應的原理

⊙「現代病」之一的過敏性疾病

　　由於我們的身體有免疫系統的保護，才得以不受外敵的侵襲；不過，免疫機制也會有突然失控的時候。如果免疫反應發生了異常，就會反過來破壞人體本身的組織或器官，這種現象就稱為「過敏反應」，引發的症狀包括了異位性皮膚炎、氣喘、過敏性鼻炎、以及花粉症等等。

　　過敏性疾病被視為是「現代病」之一，近年來患者的數目急速地增加。引發過敏性疾病的原因，主要可分成遺傳和環境兩大因素；不過人類基因不太可能在短短幾十年間就發生重大改變，因此比起遺傳方面的因素，環境因素反倒占有較大的關連性，尤其是營養狀態或壓力等方面的影響。在現代生活中，人類的飲食不僅得以溫飽，甚至可說是不虞匱乏，也由於經常攝取高營養價值的食物，使得免疫力不斷增強；但另一方面，過敏反應卻也跟著一起增強了。

　　實際上，人類剛出生時即容易罹患的過敏性疾病，大部分都是以蛋或牛奶等食物為過敏原（造成過敏反應的物質）的食物過敏反應，會出現像是異位性皮膚炎的症狀；到了七歲左右，以蝨子等塵蟎為過敏原的過敏反應會呈現壓倒性地增加，症狀以氣喘為主；年紀再大一點後，則是罹患過敏性鼻炎的人數會逐漸增加。像這樣以食物所引發的過敏反應為首，接續引發其他過敏反應的現象，就稱為「過敏進行曲」。

⊙ 形成過敏性疾病的原因極為複雜

　　過敏反應大致可以分成四種類型（Ⅰ型～Ⅳ型），其中Ⅰ到Ⅲ型都與抗體有關，而Ⅳ型則是和T細胞有關。

　　在這些過敏反應當中，又以Ⅰ型過敏反應最為大家所熟知，像是氣喘、花粉症等等。當過敏原侵入體內時，抗體（免疫球蛋白ＩｇＥ）就會被製造出來，並和肥大細胞表面的受器結合在一起，使肥大細胞製造出一些引起發炎反應的物質，如白三烯素、前列腺素等等。

前面提到過敏反應可分成許多種類，而每一種反應都和抗體或Ｔ細胞這些免疫機制有關。然而，過敏反應的發生與遺傳、環境、壓力等各種因素環環相扣、互相影響，原因非常複雜，因此目前仍然無法找到一種可以根治過敏症狀的治療方法。

|||||過敏反應的四種類型

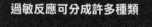

過敏反應可分成許多種類

Ⅰ型～Ⅲ型
Ⅰ型…如氣喘、花粉症，和免疫球蛋白 IgE 有關
Ⅱ型、Ⅲ型…和血液中所含的免疫補體有關

Ⅳ型…因 T 細胞活化而引起的發炎反應

|||||Ⅰ型過敏反應的發生機制

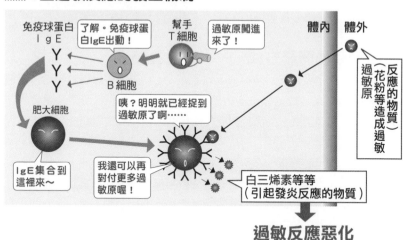

藥物如何發揮作用？
探究致病的蛋白質

⊙ 藥物在人體的作用機制

現代生活中所使用的藥品，其作用機制大多都是與致病的蛋白質直接結合，因而產生藥效。

以憂鬱症藥物為例，如果以血清素為神經傳導物質的腦神經之間缺乏血清素的話，腦神經就不容易活化，而且會使得神經之間的聯絡無法順利進行，進而引發憂鬱症。目前認為腦部的血清素之所以會不足，是因為腦神經即使分泌了很多血清素，卻會立刻被細胞回收所造成。

如果從分子層級來研究憂鬱症的發病機制，會發現在神經細胞膜上有一種稱為「血清素轉運體」的蛋白質，與血清素的回收過程有很大的關係。因此，一種稱為「ＳＳＲＩ」（選擇性血清素再回收抑制劑）的抗憂鬱藥被開發出來，這種藥物會和血清素轉運體互相結合，阻礙細胞回收那些已經分泌到細胞外的血清素。如果讓憂鬱症患者持續服用ＳＳＲＩ，神經之間的血清素濃度便會增加，就能達到治療憂鬱症的效果。

⊙ 新型藥物開發方式──「基因製藥」

近來由於在人類基因體解讀上的進展，生物學家得以對致病蛋白質進行全面性的研究。像這樣以基因體資訊為基礎、進行新型藥品開發的工作，稱為「基因製藥」；而針對與疾病相關的蛋白質進行研究，就是基因製藥的重要課題之一。

在進行基因製藥時，必須要先探究哪些基因和疾病有關，並找出這些基因所產生的蛋白質為何，再研究其立體結構；接著就在電腦螢幕上設計出可與這些蛋白質結合、調節其致病機能的特殊化合物。像一九九四年開發出來治療愛滋病的用藥「蛋白質分解酶（蛋白質分解酵素）抑制劑」，就是一個基因製藥的例子。

總之所謂的「生病」，都是因為蛋白質發生異常或損傷所造成的囉？

雖然不盡然如此，不過基因製藥正是以「蛋白質的異常與生病有極大關聯」的概念為基礎，來進行新藥的開發。

　　基因製藥這一門研究領域，未來可能會徹底改變新藥的開發模式。以往藥品的開發過程中，即使合成出一萬種化合物，大概也只有一種能夠商品化，因此日本每年上市的新藥最多約只有二十種左右。不過，如果活用基因體資訊來開發新藥，藥品的開發效率或許就能夠大幅地提升，美國甚至預測再過幾年之後，每年上市的新藥數量將會是現在的五倍以上，令人十分期待。

憂鬱症新藥SSRI的作用機制

中樞神經中以血清素為神經傳導物質的神經細胞

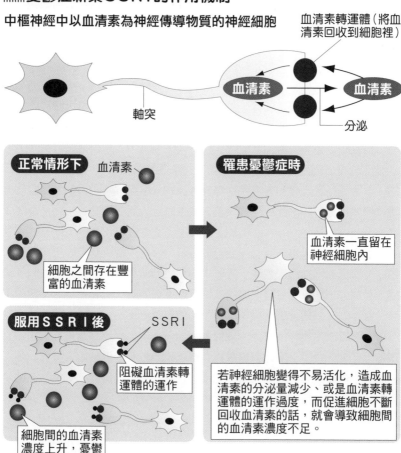

血清素轉運體（將血清素回收到細胞裡）

軸突

血清素　血清素

分泌

正常情形下　血清素

細胞之間存在豐富的血清素

罹患憂鬱症時

血清素一直留在神經細胞內

服用ＳＳＲＩ後　ＳＳＲＩ

阻礙血清素轉運體的運作

細胞間的血清素濃度上升，憂鬱症就會好轉

若神經細胞變得不易活化、造成血清素的分泌量減少、或是血清素轉運體的運作過度，而促進細胞不斷回收血清素的話，就會導致細胞間的血清素濃度不足。

顛覆藥物無法治療感冒的觀念
流感特效藥的開發

➡ 流行性感冒比起一般感冒症狀來得嚴重

感冒的時候，通常會出現發燒、咳嗽不止、打噴嚏、流鼻水或鼻塞等症狀，令人十分不舒服。每年冬天到初春的這一段時間，總會有許多人為感冒所苦。

感冒可以分成普通感冒和流行性感冒，兩者的病原體都是比細菌要小上許多的病毒，其中流感病毒的直徑通常只有一百奈米（一萬分之一公厘）左右。

普通感冒的病毒又可分為鼻病毒和冠狀病毒這兩大類，目前已知有兩百多種；這些病毒比較不具毒性，很少會引發嚴重的病情。另一方面，流感病毒則會引發流行性感冒，通常會出現四十度左右的高燒，並且伴隨著強烈的頭痛，就連其他症狀也比一般感冒要來得嚴重。

流感病毒分為Ａ型、Ｂ型和Ｃ型三大類，其中Ａ型流感病毒的基因容易發生改變，因此就算曾經感染過這一類的病毒，使體內產生了免疫抗體，但是下一次入侵的若是發生變異過後的Ａ型流感病毒，免疫抗體便無法發揮效用。正因如此，每當歷史上發生流感大流行的時候，總是會造成許多人死亡。

當流感病毒入侵支氣管等處的細胞時，會利用細胞當中的蛋白質製造機制，快速地增加病毒數量；接著這些增殖的病毒會離開原來的細胞，繼續入侵其他細胞。如果這個過程一直反覆下去的話，只要花上二十四個小時，原本的一個病毒就會增加成幾百萬個病毒。不過，人體的防禦系統也不會一直乖乖地挨打。首先，身體會開始發高燒，利用高溫來抑制病毒的增殖；此外，殺手Ｔ細胞會攻擊被病毒感染的細胞，但是如果戰況太激烈的話，身體就會變得很虛弱；接下來，Ｂ細胞會製造出對抗病毒的抗體，展開直接攻擊，體內的病毒就會逐漸減少，感冒的症狀也會慢慢改善。

➲ 新式流感藥物可直接針對病毒作用

　　以往的觀念裡大都認為，沒有一種藥物能夠真正治療流行性感冒。不過在二〇〇一年二月，日本政府核准了口服膠囊「克流感」（成分：奧斯他偉）和口服噴劑「瑞樂沙」（成分：任娜密威）這兩種感冒藥的使用。這兩種藥物可以將病毒封在被感染的細胞內，直接阻礙病毒的增殖。

　　據說在美國，這一類感冒藥不僅治療效果高，副作用也少（不過仍必須經過醫師診斷才能服用）。

⦀⦀⦀人體和流感病毒的戰爭

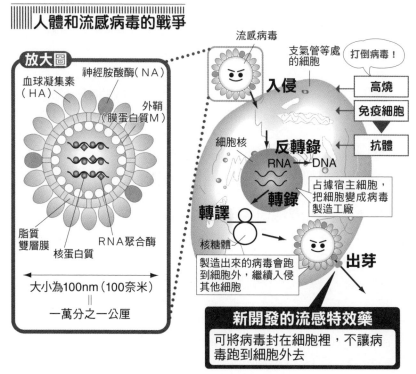

放大圖

血球凝集素（HA）
神經胺酸酶（NA）
外鞘（膜蛋白質M）
細胞核
脂質雙層膜
核蛋白質
RNA聚合酶

大小為100nm（100奈米）
＝
一萬分之一公厘

流感病毒
支氣管等處的細胞
打倒病毒！
入侵
高燒
免疫細胞
抗體
反轉錄
RNA → DNA
占據宿主細胞，把細胞變成病毒製造工廠
轉錄
轉譯
核糖體
製造出來的病毒會跑到細胞外，繼續入侵其他細胞
出芽

新開發的流感特效藥
可將病毒封在細胞裡，不讓病毒跑到細胞外去

醫學的明日之星──基因治療
修復損壞基因的功能

◎ 以「基因」為直接醫治對象的「基因治療」

隨著在解讀人類基因體上的進展，陸續有一些全新的疾病診斷和治療方法被開發出來，這在以往的醫學上是完全難以想像的。

在這些方法當中，基因治療與再生醫療、基因製藥等齊名，被稱為是二十一世紀的夢幻先端醫療技術。過去只要一談到疾病的治療方法，最具代表性的例子不外乎就是用藥的藥物療法或靠手術解決的外科療法；不過，現今的研究已經朝向從分子層級去解釋疾病和基因之間的關聯，而基因治療也逐漸成為一種可能的醫病方式。

以先天性的遺傳疾病為例，有人提出了「先透過基因診斷，檢查出發病基因為何，再設法讓發病基因回復正常狀態」的治療方法。理想中的「基因治療」，就是希望能直接治療發病基因，但目前的醫療技術多半無法達到這種程度；因此現階段所謂的「基因治療」，僅止於將某些基因（除了發病基因以外，還含有其他基因）導入生物體中的做法而已。

◎ 現今基因治療法可達到的技術程度

自從美國在一九九○年開始正式進行基因治療以來，許多國家也陸續針對各種疾病進行基因治療的嘗試。到二○○○年為止，世界上已經開發出大約三百七十種的基因治療方法，接受基因治療的患者也上升到四千例以上。

不過，在基因治療的病例當中，約有七成都是針對癌症進行治療，先天性遺傳疾病的病例反而極為少見，不禁有些令人意外。這是因為以目前的基因治療技術來說，還無法做到只剔除遺傳疾病的發病基因，再把正常的基因組裝回原本的位置上。不過，有一種稱為「腺核苷去胺酶（ＡＤＡ）缺損症」的遺傳疾病，只要治療上所導入的基因能夠正常運作，就算原本的發病基因並沒有被剔除掉，也可以得到顯著的療效，因此這項治療方法被視為基因治療的有效實例，在美國和日本都有相關的病例報告。

▌▌▌何謂「基因治療」？

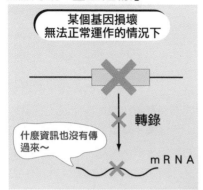

某個基因損壞
無法正常運作的情況下

轉錄

什麼資訊也沒有傳
過來～

mRNA

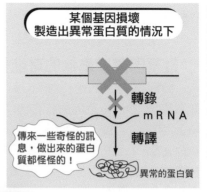

某個基因損壞
製造出異常蛋白質的情況下

轉錄
mRNA

轉譯

傳來一些奇怪的訊
息，做出來的蛋白
質都怪怪的！

異常的蛋白質

這些情況下，可以透過基因治療來導入正常的
基因，抑制異常基因的運作

▌▌▌基因治療的實例

治療ＡＤＡ缺損症時

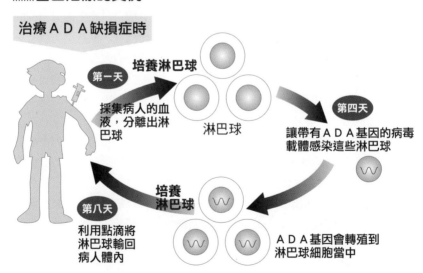

第一天

培養淋巴球

採集病人的血
液，分離出淋
巴球

淋巴球

第四天

讓帶有ＡＤＡ基因的病毒
載體感染這些淋巴球

**培養
淋巴球**

第八天

利用點滴將
淋巴球輸回
病人體內

ＡＤＡ基因會轉殖到
淋巴球細胞當中

「ＳＮＰ」的分析與研究

「量身訂做」的醫療方式

⊙ 從基因探究患病的可能性

像糖尿病、高血壓、心臟病這些稱為「生活習慣病」的疾病，原本被認為其發病原因是受到遺傳因素和環境因素交互複雜地影響而成；不過，隨著近年來在解讀人類基因體上的進展，才逐漸了解這些生活習慣病之所以會發病，其實和遺傳因素有著相當大的關係。舉例來說，如果能夠找出和糖尿病有關的眾多基因，便可以用來進行糖尿病的基因診斷；此外，從發生異常的基因種類當中，甚至還可以得知病人比較容易罹患哪一種類的糖尿病。

現行的醫療方式，都是等到病人發病以後才開始進行治療；不過，未來的醫療技術或許可以提早診斷出病人是否具有容易罹患糖尿病的體質，並同時進行預防發病的醫療措施。

⊙ 個體基因差異中的ＳＮＰ研究受到矚目

近年來，「個體間基因差異」的研究相當受到矚目。如果研究出個體間的基因差異，不僅能夠得知每個人容易罹患什麼疾病，或許還可以了解其體質為何、以及對不同的個體運用哪些藥物會比較有效等等。基因在個體間或人種間的差異，統稱為「基因多型性」，而當中特別受到矚目的為「ＳＮＰ」（單核苷酸多型性，發音為「snip」），指單一個體的鹼基序列中，出現了某一鹼基被其他種類的鹼基所置換的情況。

在兩個不同個體或人種的人類基因體上，大約一千個鹼基序列中就可以發現一個不同的鹼基。由於人類基因體共有三十億個鹼基對，若根據百分之〇‧一的機率來粗估的話，大約會有三百萬個左右的ＳＮＰ。

如果能夠發現和疾病相關的ＳＮＰ，或許就可以解開該ＳＮＰ和疾病發作之間的相關機制，做為新藥的開發基礎原理。因此，ＳＮＰ的分析研究在目前相當受到重視，除了歐美和日本等各國政府的研究機構以外，就連業界的生技公司和製藥公司，也非常積極地投入ＳＮＰ的分析研究。

‖‖‖ 何謂「SNP」?

SNP：**S**ingle **N**ucleotide **P**olymorphism的簡寫

（中文為「單一核苷酸的多型性」之意→單核苷酸多型性）

也就是說，基因也具有個體之間的差異。

不過，SNP僅限於單一鹼基有所不同的情況；若是基因大部分都已缺損，就不能視為SNP。

‖‖‖ SNP與疾病關係的研究

相關性研究（association study）

疾病的相關基因

人類基因體的高密度ＳＮＰ地圖

✕	✕	✕	✕	✕	✕	✕	✕
SNP1	SNP2	SNP3	SNP4	SNP5	SNP6	SNP7	SNP8

大規模收集無親緣關係的ＤＮＡ樣本，以研究ＳＮＰ和疾病之間的關係

個人 ＼ SNP	SNP1	SNP2	SNP3	疾病
A男／女	A	T	C	有
B男／女	A	T	G	無
C男／女	T	T	G	無

需要500～1000人的樣本數量

ＳＮＰ1和疾病無關的可能性很高

ＳＮＰ3可能和疾病有關

狂牛症的感染機制
普恩變異蛋白的感染

◎ 狂牛症會傳染人類，引發庫賈氏症

狂牛症在一九八六年首次於英國獲得證實，八〇年代後半到九〇年代前半的這段期間，疫情相當嚴重。二〇〇一年九月，日本在千葉縣白井市的酪農場中出現了國內首批感染狂牛症的乳牛群，之後日本各地的農場也陸續發現其他病牛。由於這些病牛的感染源不明，日本消費者開始質疑國產牛肉的安全性，造成當時牛肉價格大幅跌落，以牛肉料理為主的餐廳也都沒什麼客人上門。

牛隻若感染了狂牛症之後，腦部就會變成海綿狀，四肢無法站立也不能走路，最後便會死亡。起初英國政府一直否認狂牛症會傳染給人類的說法，但由於不斷傳出有人罹患一種稱為「庫賈氏症」的疾病，才促使英國政府重新展開深入調查；結果發現，狂牛症可能會傳染給人類，導致人引發庫賈氏症。

◎ 狂牛症的病原體為普恩變異蛋白

那麼，狂牛症是如何發作，使牛的腦部變成海綿狀呢？引發狂牛症的罪魁禍首，是一種稱為「普恩變異蛋白」的異常蛋白質。無論細菌或是病毒，一般的病原體通常都含有ＤＮＡ或ＲＮＡ這些核酸，並會在被侵入體中轉成基因，以進行增殖。然而，普恩變異蛋白當中不含核酸，其本身就是狂牛症的病原體；而且，普恩變異蛋白的立體構造相當穩定，即使經過高溫處理，也幾乎不會變質。

因此，像狂牛症病牛的腦部或脊髓等部位，即使經過加工處理做成肉骨粉，還是會有普恩變異蛋白殘留在其中。如果將摻有這些肉骨粉的飼料拿去餵養健康的牛隻，經過幾年的潛伏期之後，這些健康牛隻也會出現狂牛症的症狀。

在健康牛隻的腦部，原本含有許多正常的普恩蛋白，但正常的普恩蛋白如果遇到從飼料中攝取進來的普恩變異蛋白，立體構造就會發生變化，

轉變成普恩變異蛋白。

　　就像這樣，普恩變異蛋白會有如黑白棋遊戲般地不斷進行連鎖性增殖，最後便會破壞牛隻腦部的神經細胞，使病牛出現無法正常站立等的狂牛症症狀。人類也是一樣，若食用了含有普恩變異蛋白的牛內臟，便有遭受感染的危險。

　　日本政府在當時已經針對所有肉牛施行普恩蛋白的檢測，因此狂牛症病牛的牛肉並未流通到市面上；然而，要想重新喚回一般民眾對於牛肉安全的信賴感，似乎不是一件容易的事。

||||||普恩變異蛋白的增殖方式

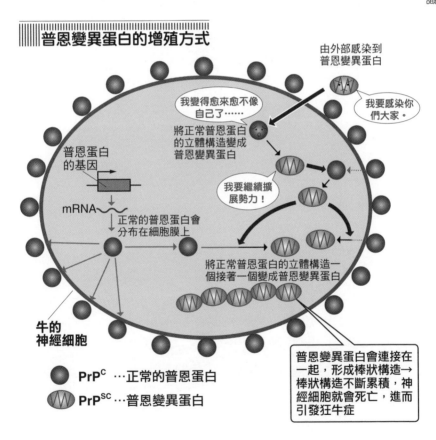

第**9**章

放眼周遭環境的生態學

哇哈哈～我捉到了三隻蜻蜓喔！咦……奇怪？平常這種時候，你都會叫我要用功念生物學，今天怎麼沒有講話？

像你這樣對身邊的大自然感興趣，又能親身去體驗，就是最好的生物課了，說不定比看書更有效果喔！你聽，那邊有蟬叫聲呢！

嗯！叫聲是「鳴～鳴～」，所以是鳴蟬吧！

其實從前比較多是「嘰～嘰～」叫的螻蛄，不過現在好像都只剩下鳴蟬。這個現象似乎和都市的「熱島效應」有關。

你說的「熱島效應」，就是那個「冷氣或汽車所排出來的熱氣，會使都市氣溫不斷上升」的現象吧？

沒錯。而且因為都市地面覆蓋了一層混凝土，使地裡的水分無法蒸發，空氣就愈來愈乾燥；這樣一來，喜歡濕氣的螻蛄幼蟲就不容易在這種乾燥的環境中成長。如果一直只關在實驗室裡的話，就不會知道這些事情囉！

從微觀世界跳入巨觀世界
生態學的研究對象

⮕ 生物有固定的活動範圍

目前為止的章節，主要都是圍繞在微觀世界當中，介紹了各式各樣如DNA、蛋白質等的生物分子。不過，生物學的內容可不只有微觀世界而已，還包含了生物族群、生物與環境的交互作用等巨觀世界裡的現象。因此，接著這一章就以生態學為中心來看看巨觀世界。

所謂的巨觀世界，就是我們平常所看到的世界，比起之前微觀的事物，或許會更容易理解；然而令人意外的是，我們對巨觀世界的認識其實非常有限。

有許多人每天都是搭車通勤或通學，如果你也是這種情況的話，請試著在地圖上標出從家裡到公司或學校的路線，接著繼續標出其他走過的路線以及會經過的場所。看看你的結果，除了平常走習慣的車站出口之外，你曾經走過另外一邊的出口嗎？在上下班（上下課）的時候，你會在中途的車站下車，跑到附近的商店街去逛逛嗎？

像這樣利用地圖把自己的行動範圍標示出來，就會發現原來我們總是走同一條路線、經過同樣的地點。除非是自己特別留心，故意做些不一樣的事情，否則大部分的人每天都生活在完全相同的世界中。

⮕ 辨識個體並觀察，才能幫助理解其他生物的世界

在生物界中也是同樣的道理。如果我們只從自己世界的角度去窺探生物界，便很難知道各種生物的真正面貌。舉例來說，動物園的猴山園區裡有一群日本猴，如果只是從柵欄外面看到「那邊有一群猴子住在一起」，並無法就此知道猴子的社會結構。不過，就像每個人身上都有一些特徵（如外型的差別等）可供辨別一樣，如果能將每一隻猴子辨識出來然後進行觀察，就可以知道猴子之間的交際關係，並看出整個猴子社會的結構，而這說不定是個完全超乎我們想像的世界。

▌▌▌微觀與巨觀的視角

前面章節……

研究對象：
分子、原子或細胞

嗯嗯～

哇～

本章……

研究對象：
生物之間的關係

▌▌▌從觀察中發現新事物

如果只是稍微一窺生物界，很難理解其運作方式

動物園的猴山

來到動物園時，若只從柵欄外看一眼猴群，並不會知道「猴子也有社會結構」

原來牠們之間是三角關係啊。

如果更靠近猴群，仔細分辨並觀察每隻猴子，就能夠看出猴子的社會結構

「族群」不等於「個體的集合」
田野調查是生態學中重要的一環

○ 生態學需倚靠田野調查來觀察生物族群

在生態學中，研究對象往往是一整個生物族群，而非單一的生物個體，所以經常會進行田野調查以觀察生物族群，因為在單一生物個體身上成立的法則，並不一定可以適用在生物族群上。

舉例而言，假設要從離家最近的車站走路回家時，以常理來說，通常都會選擇距離最短的回家路線。不過，若是和朋友一起回家的話呢？如果想和朋友一起待久一點時，可能就會覺得即使稍微繞一下路也沒關係；於是，此時原本在個人身上可以成立的「選擇走最短路線回家」的這個假設，到了族群身上就無法成立了。此外，如果是一群三人以上的朋友，回家途中可能就會先到速食店吃個東西，或是繞到哪個人的家裡去坐坐，他們的回家路線就不單只是繞遠路，甚至還可能跑到哪間店或哪個人的家裡去，如此一來，就很難事先預測出這群人的實際回家路線。

○ 大猩猩的生態為「族群非個體集合」的實證

因此，在生態學中大多都是先進行田野調查，了解實際上會發生什麼樣的狀況，之後再建立假說來解釋這些現象，而不是採用一般自然科學「先建立假說，再用實驗去驗證」的實驗方法。

以實際上來說，當學者理解了「族群不是個體的集合」之後，這個觀念便對其他生物研究也產生極大的助益，以下便是一例。

一般人很容易誤以為，只要各有一隻雄性和雌性的野生動物，就可以使牠們交配生下後代；不過，這在大猩猩來說是行不通的。如果環境中只有一對猩猩，牠們之間會形成像兄弟姐妹般的關係，而不會互相交配。

自從人類得知大猩猩必須要過著群體生活，才會衍生出夫妻關係後，美國的動物園便開始集體飼養大猩猩。在日本方面，原本也有很多動物園單獨飼養一對大猩猩，但一九九四年以後，便開始將各地動物園的大猩猩集中到上野動物園，進行集體飼育；之後在二〇〇〇年七月，日本國內終於誕生了暌違十二年之久的小猩猩寶寶。

‖‖‖族群與個體所採取的行動不一

自己回家的話,幾乎都會走最短的路線

如果和朋友兩人一起回家,說不定會先繞到朋友家去

如果三人以上一起回家,就很難預測行動的路線

個人身上可以成立的法則,在族群身上大多不會成立

‖‖‖大猩猩飼育方式對生育後代的影響

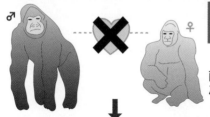

若只各有一隻公的和母的猩猩,彼此之間很難生下後代

兩隻大猩猩養在一起時,會認為彼此之間是兄妹關係,而不會互相交配

集體飼養大猩猩的話,會比較容易生下後代

小孩

小孩

生物在生態系中所處的位置

什麼是生態區位？

⊃ 每個物種都有其生態區位

每一個人都有各自的社會地位。假設是上班族，一定會隸屬於公司的某個部門，有自己的工作與職務；此外，公司裡應該會有一張屬於自己的辦公桌，也可能會有上司和下屬。不僅是公司，每個人在學校或是家庭中，也都有屬於自己的活動範圍、負責的職務、以及與他人之間的人際關係。

自然界跟人類社會一樣，每一種生物都有自己的棲息地和扮演的角色，就像鯉魚在河川中悠游、青蛙在水邊來來回回、蜻蜓在天空中飛來飛去，無論哪一種生物，大致上都有一塊固定的生活範圍。

除此之外，各種生物之間還存在著「吃與被吃」的食性關係。舉例來說，青蛙會吃昆蟲或蚯蚓，但另一方面也會被蛇類或鳥類所捕食。就像這樣，每一種生物在大自然的食物鍊當中，都會有牠們固定的地位。

換句話說，每個物種在生態系中都固定占有一個「生活空間的場所地位」（即棲息地）以及「食物鍊中的地位」，而這兩者則合稱為「生態區位」。

⊃ 生態區位相似的物種間會相互競爭

假設某一個生態系中出現了兩種很像的生物，不但住在同一個地方，連食物的來源都一樣，會出現什麼樣的狀況呢？換個比較容易理解的比喻來說，如果有人和自己使用同一張桌子，職位也和自己完全一模一樣，會發生什麼事情呢？恐怕兩人之間便會為了搶奪位子而發生爭吵，直到其中一人敗退為止；而相同的職位可能也會引起兩人的競爭。

在自然界中也是同樣的情形。如果兩個不同物種必須相互爭奪棲息地和食物來源，必定會有一方因失敗而滅絕，或是要有一方改變自己的居住地和食物來源，使兩個物種能夠共存；這樣的現象，就稱為「競爭排斥原理」。

如此說來，若有一種生物滅亡了，其原先所占據的生態系地位突然空了出來，那又會出現什麼樣的狀況呢？舉例來說，雖然日本的野狼已經絕跡了，但狗卻逐漸地展現其野性，而攻擊鹿或兔子等動物。從這個現象可以看出，狗已經順利填補了狼在生態系中的地位；在人類的社會當中，同樣也可以看到類似的情況。

||||何謂「生態區位」？

「生態區位」的定義：生態系中某種生物的
棲息地 ＋ **食物鍊中的層級**
（在「吃與被吃」的食性關係中處在哪一個位置）

ex 1）上班族A先生的生態區位

A先生的座位─A

A課長，有您的電話。

A，來幫我處理海外事業部的工作吧。

活動範圍　**扮演的角色及人際關係**

ex 2）青蛙的生態區位

昆蟲　蛇　鷲、老鷹　吃進　被吃　蚯蚓

棲息地（水邊）　**食物鍊中的地位**

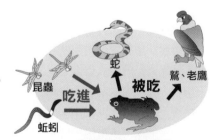

打造生物棲地
重新看待身邊的生態系

⟫ 回復當地自然環境的生態復育活動

　　想想看，在自己居處的附近，是否還存在著一些保有原始自然生態的地方呢？像是日本在神社或寺廟的附近，就會長著檜木或杉木之類的大樹；而在自然公園中，也可能會殘留著一些撿得到橡樹果實的混生樹林。不過，在已經完全現代都市化的地方，光是看到這些少數殘存下來的生態場所，根本無從想像在一百年以前那附近是什麼樣的自然環境。

　　近年來，社會上開始出現一些生態復育活動，希望能讓當地的自然環境回復到從前的模樣，因此會在區公所廣場、學校中庭、河中沙洲等地方，積極推動「打造生物棲地」的相關活動。所謂的「生物棲地」，原本是德國生物學家海克爾（參見五十八頁）早在一個世紀以前就提出來的名詞，為德文中「生物（bio）」和「場所（tope）」兩個字合在一起形成的複合詞；到了現在，「生物棲地」則被用來指稱具有穩定生態環境的「動植物生活空間」。

⟫ 打造生物棲地行動的實踐

　　那麼，所謂「打造生物棲地」的行動，和一般的「環境綠化運動」又有什麼不一樣呢？現今每當要整頓道路的時候，就會種一些法國梧桐、銀杏之類的樹木為行道樹，公園的花壇中則種滿了鬱金香、三色堇這種會開出美麗花朵的植物；但是，在生物棲地中不僅看不到漂亮的花花草草，乍看還會像是一個長滿雜草、無人打掃管理的庭院。

　　不過，生物棲地的重要之處，就是要再現過去當地原有的自然環境，而不是靠人為的方式建造一個光鮮亮麗的庭園，因此像日本的做法便是在小山丘上移植自古就有的野草，再設置能夠讓蝌蚪、青鱂魚和蜻蜓的幼蟲（水薑）居住的小河或池塘，如此就會引來附近各式各樣的昆蟲，使過去原有的生態系再度重生。此外，如果再放上一些可做為鳥窩的箱子或飼料台，甚至也有可能讓棕耳鵯或松鴉之類的野鳥再飛回來棲息。

最近「生物棲地」這個概念在建築業和庭園設計師之間相當受到矚目，因此不管是都市河川的整治或公園的興建，當中都存在著許多打造生物棲地的概念。

||||「生物棲地」的語源

Bio tope
= =
生物　場所

意思是指「生物（動植物）的生活場所」。

||||打造生物棲地

打造生物棲地的重點——**再現當地原本的自然環境**

生物棲地

連接生物棲地之間的走道
（讓野生動物可以在不同生物棲地之間往來移動）

池塘

小河

池塘

這種景色就像是爸爸跟我講過的童年回憶呢～

從前有很多像這樣的地方喔，但直到被破壞以後，人們才開始注意到這些地方的可貴之處。

生物棲地

外來物種的害處
浣熊暴增所造成的危害

◆ 外來物種影響當地原生物種的生存空間

　　有一些從國外引進日本並定居下來的動物（外來動物），正在擾亂日本國內的生態系統；當中又以浣熊的繁殖力強，而壓迫到了日本國內狸貓的生存空間。

　　浣熊的原產地本來是在中美洲及北美洲，平均體重為五到七公斤，大一點的浣熊身長可達一公尺、體重達十公斤左右。由於浣熊是夜行性動物，平常住在民宅的閣樓裡，到了晚上就會跑出來作亂或吃掉田裡的農作物，受害案例也愈來愈多。

　　另一方面，狸貓體型比浣熊要小得多，較大的也只有約三公斤左右。從近年來捕獲的浣熊數量急遽地增加、狸貓數量卻急速減少的現象看來，浣熊可能獵食了狸貓，或是將牠們驅逐出原本的生存環境。

◆ 外來引進的浣熊造成日本各地的災害

　　浣熊在一九七〇年代後半首次被引進日本做為寵物，最風行的時候年度進口量甚至高達一千隻左右。浣熊小時候雖然很可愛，不過長大後就會展現出野性，個性漸漸變得兇暴。牠們會用尖銳的牙齒咬傷人，也曾以長爪攻擊使人受重傷，諸如以上這些對人類的危險性，經常為人所詬病。

　　因此，有些寵物浣熊長大後便被飼主丟棄或自己逃家而野生化，並在北海道到和歌山縣的各地山林中不斷擴大牠們的棲息地；尤其是近年來，北海道的農作物受到浣熊的嚴重侵襲，而神奈川縣中浣熊攻擊居民的案例也爆發性地增加。

　　以神奈川縣為例，自從一九八九年首次發現野生化的浣熊以後，其數量幾乎是年年向上攀升。在九〇年代時，原本只有鎌倉市曾經傳出浣熊災情；可是到了二〇〇〇年之後，就連鎌倉市周邊的藤澤市、橫濱市和三浦半島上的逗子市，也陸續傳出浣熊的災害案例。因此從二〇〇〇年度開始，鎌倉市正式把浣熊列入「有害鳥獸」的名單中，開始進行獵捕驅除的

動作，並捕捉到了一百三十六隻浣熊；不過根據估計，當時應該還有約五、六百隻浣熊棲息在鎌倉市內。

　　除此之外，浣熊身上還有一種特殊的寄生蛔蟲，是狂犬病的傳染媒介之一，因此也有傳播疾病的疑慮。當初以寵物的身分引進日本的浣熊，如今卻引發了各式各樣的環境生態問題。

||||||何謂「外來物種」？

有很多外來物種本來都是人類飼養的寵物，後來被棄養才野生化。

這樣一想，就會覺得外來物種也很可憐呢。

外來物種：
原本非生存在當地、從海外被引進國內後就此定居下來的物種

可能會奪走日本原生物種的棲息地或是將牠們捕食掉，造成原生物種的滅絕危機

||||||浣熊的野生化

好痛！

對人類造成危害

破壞農作物

真的贏不過牠啦～

嘿嘿嘿～

驅逐了狸貓，並對其生存造成威脅

未來日本國內的狸貓或許會絕跡

原本日本當地沒有的浣熊，棲息地正逐漸地擴大

狸貓

拯救瀕臨絕種危機的生物
搶救朱鷺大作戰

⊙ 進行保育計畫以增加瀕臨絕種生物的數量

在日本新潟縣的佐渡島上有一個朱鷺保育中心，正進行著一項國家級的計畫，希望能復育出瀕臨絕種危機的朱鷺。

一九九九年五月，朱鷺保育中心終於順利孵化出盼望已久的朱鷺寶寶，取名為「優優」，是日本國內第一隻人工孵育成功的朱鷺；牠的父母叫做「友友」（公）和「洋洋」（母），是同年一月時中國所贈送的一對朱鷺。日本之前在原生朱鷺即將瀕臨絕種之際，開始嘗試進行人工繁殖，直到十八年後才終於誕生了優優這隻朱鷺二世。

隔年的二○○○年五月，友友和洋洋又陸續生下兩隻小朱鷺，第一隻叫做「新新」，第二隻叫做「愛愛」。

到了二○○一年，朱鷺保育中心內出現了一股「誕生熱潮」，友友和洋洋生了七隻小朱鷺，而優優（公）也和二○○○年十一月來自中國的美美（母）生下了六隻小朱鷺；也就是說，光是在繁殖季節內，就已經誕生了十三隻朱鷺寶寶。雖然後來有兩隻小朱鷺死亡，不過保育中心內的朱鷺數量，卻一口氣增加到了十八隻。此後每年的人工繁殖都很成功，二○○三年時已經增加到四十隻朱鷺；然而令人遺憾的是，日本國內最後一隻原生朱鷺「金」也在二○○三年死亡，日本原生朱鷺就此宣告絕種。

⊙ 朱鷺野放計畫尚有許多待解決之處

從二○○○年開始，日本環境省為了讓朱鷺回歸大自然，開始推動一項名為「打造朱鷺之島」的計畫，這也是日本史上首次以瀕臨絕種的動物為對象的計畫。為了讓朱鷺可以無虞地生活在佐渡島，島上不但要減少農藥的使用，還要設置泥鰍養殖池，以確保朱鷺的食物來源。然而，由於佐渡島居民人口過少且普遍高齡化，在農民不足的情況下，要想回復過去曾經是朱鷺覓食場所的梯田景觀，也是一大難題。面對這些現實環境下的考量，朱鷺野放計畫還有許多問題尚待解決。

||||||朱鷺繁殖計畫

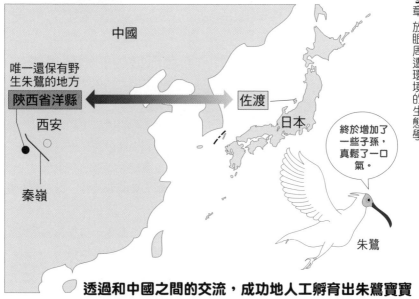

透過和中國之間的交流，成功地人工孵育出朱鷺寶寶

||||||讓朱鷺得以回歸野外的各種努力

●農田不使用農藥

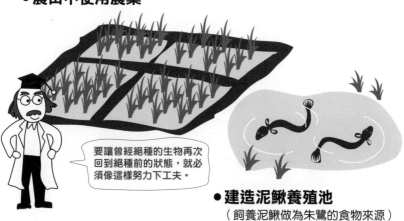

要讓曾經絕種的生物再次回到絕種前的狀態，就必須像這樣努力下工夫。

●建造泥鰍養殖池
（飼養泥鰍做為朱鷺的食物來源）

以人與熊和平共存為目標
當熊隻在別墅或住宅區出沒

⊙ 獵殺侵入人類生活範圍的熊隻而造成的絕種危機

　　一般人都會認為熊群一向住在深山裡頭，不過在日本，卻時有所聞大熊在別墅區或住宅區出沒，有時甚至會襲擊人類。二〇〇〇年的夏天，日本關西各地都有人目擊到熊蹤，甚至還吸引了大批媒體天天前往採訪。當時從六月底在大阪府能勢町最先傳出有人目擊到大熊以後，大熊幾乎每天都出沒在京都府、大阪府、兵庫縣的住宅區及高爾夫球場。在京都嵐山地區的竹林中，甚至因大熊出沒，考量到有襲擊人類的危險性，而曾經在觀光客眼前直接進行射殺。

　　長野縣輕井澤一向是日本最具代表性的休假別墅區，每年夏天便會吸引大約四百萬名觀光客前來造訪；其中，舊輕井澤銀座又被稱為「輕井澤的原宿」，總是人聲鼎沸，看起來就跟一般都市的繁華區沒什麼兩樣。然而，此地附近的別墅區也時常有熊出沒。

　　在避暑人潮最多的七、八月，大熊會在半夜至清晨的這一段時間裡，專挑垃圾場或放有食品的倉庫，吃掉牠們喜歡的泡麵、洋芋片等油炸食物；由於都市人大多習慣活動到半夜，因此隨時可能會被夜間覓食的大熊

||||||人類與熊和平共存的處置方式

過去因為擔心熊會危害人類，而採取「在危害發生前先把熊殺掉」的策略

九州地區宣告其境內的亞洲黑熊已經絕種

後果 ➡

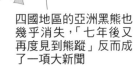

四國地區的亞洲黑熊也幾乎消失，「七年後又再度見到熊蹤」反而成了一項大新聞

所襲擊。

　　以往日本全國各地都是採取「只要可能危及到人類，就先將熊殺掉」的治熊策略，但日本各地的熊隻數量正在迅速地減少中；二○○一年時，九州地區甚至正式宣告其境內的亞洲黑熊已經絕種，目前也有某些地區的野生熊類正瀕臨滅亡。如果再繼續獵殺下去的話，總有一天日本國土的熊群都將絕跡。

● 改變面對熊隻襲擊的因應方式

　　如此說來，難道人類無法跟熊群和平相處嗎？美國的動物生態學家史蒂芬‧何雷洛曾經分析過野熊在美國及加拿大襲擊人類的案件，認為這些熊隻因為大多受過觀光客的餵食，或是吃過人類的剩菜剩飯，才會跑下山來找東西吃。因此，為了避免野熊再度襲擊人類，第一步就是不要隨便餵食野熊或不讓牠們吃到廚餘。

　　在實務面上，當捕捉到野熊的時候，可以故意敲擊籠子的欄杆以嚇唬牠們，或施放難聞的的瓦斯，藉此教導這些野熊「人類是很可怕的」，之後再將牠們放回深山中。此外，還可以利用在野熊身上裝發信器的方式，長期監控野熊的行動，只要熊隻一接近村落，就發布警報通知村民。無論如何，設法讓人類跟熊可以和平相處，才是最終的目標。

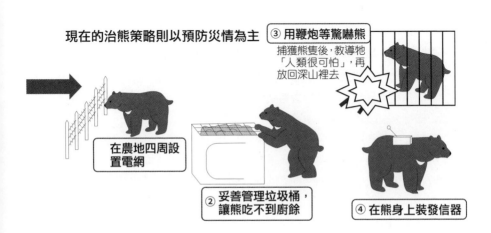

現在的治熊策略則以預防災情為主

在農地四周設置電網

② 妥善管理垃圾桶，讓熊吃不到廚餘

③ 用鞭炮等驚嚇熊
捕獲熊隻後，教導牠「人類很可怕」，再放回深山裡去

④ 在熊身上裝發信器

環境荷爾蒙造成的生態系汙染
微觀研究和巨觀研究緊密相扣

➲ 透過微觀和巨觀研究所發現的環境荷爾蒙危機

　　同樣是生物學的研究範圍，卻可以依照研究的對象，再分成研究分子生物學、生化學、細胞學、發育學等的微觀世界研究者，以及研究生態學、動物行為學等的巨觀世界研究者。這兩者乍看之下似乎毫無關聯，事實上卻是密切相關。

　　其中最具代表性的就是「環境荷爾蒙」的例子；巨觀世界的研究者發現了生態系的異常現象，透過微觀世界的研究者，才得知這是因為生物體內長期食用而累積的「環境荷爾蒙」所造成。

　　「環境荷爾蒙」又稱為「內分泌擾亂化學物質」，代表性的例子有戴奧辛和ＰＣＢ（譯注：多氯聯苯），都是人類以人工方式製造出來的化學物質。此外像是塑膠原料的雙酚Ａ以及保麗龍原料中的苯乙烯三聚體，也被指出可能屬於環境荷爾蒙的一種。

　　環境荷爾蒙進入生物體內後，幾乎無法被分解代謝掉，所以會長期停留在體內；而且因為不易排出體外，便會在生物體內逐漸累積。由於環境荷爾蒙具有和女性荷爾蒙相似的功能，長久下來就會影響生物的生殖器官發育，使雄性的野生動物逐漸雌性化，或讓雄性生物對異性不會產生興趣等。目前這種現象已經出現在鯉魚、虹鱒等淡水魚以及鱷魚、海鷗和鷲等生物身上。

➲ 環境荷爾蒙對生物及生態造成重大影響

　　環境荷爾蒙雖然只會擾亂單一生物個體的內分泌作用，不過一旦個體的生殖行為發生異常，同樣也會影響到該個體所屬的族群；如果該物種因此無法繼續繁衍後代，甚至還可能導致物種的滅亡。

　　除了野生動物之外，環境荷爾蒙甚至也為人類帶來了威脅，因為人類的生活每天都圍繞在各式各樣的人工製品之中。試想，一向被宣稱絕對安全的塑膠類製品或食品添加劑，真的對人體完全無害嗎？環境荷爾蒙就算

只有極少的量，也可以在生物體內發揮作用，因此要想研究出環境荷爾蒙對人體的影響，並不是一件容易的事情。

像戴奧辛或ＰＣＢ這些含有劇毒的化合物，很早就被認定是環境荷爾蒙之一，所以各國政府均已多方規範其排放限制。然而，大部分化學藥劑的使用卻沒有任何的規範標準；如此一來，人體或許正遭受著化學藥劑中各種環境荷爾蒙的侵蝕。因此，若能夠盡早研究出有哪些化學物質也屬於環境荷爾蒙，或許就能將其影響降到最低。

||||||微觀生物學和巨觀生物學

〈以往的生物學〉

實驗室內進行研究

野外調查

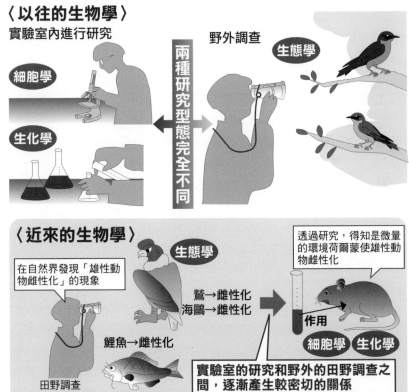

生態學

細胞學

生化學

兩種研究型態完全不同

〈近來的生物學〉

生態學

在自然界發現「雄性動物雌性化」的現象

鷲→雌性化
海鷗→雌性化

鯉魚→雌性化

田野調查

透過研究，得知是微量的環境荷爾蒙使雄性動物雌性化

作用

細胞學　生化學

實驗室的研究和野外的田野調查之間，逐漸產生較密切的關係

如何才能保護地球的環境？
地球不斷受到侵蝕

⊙ 地球暖化造成天氣異常

二〇〇二年春天，日本各地的櫻花開得遠比預期的要早，各地的賞櫻活動只好跟著提前匆促展開。櫻花提早開花的原因疑似地球暖化的結果，但所謂的「地球暖化」是怎麼一回事呢？應該要怎麼做，才不會讓地球的環境再繼續惡化下去呢？

地球之所以會逐漸暖化，普遍認為是因為二氧化碳等溫室氣體過多，造成地表的熱能無法發散到外太空去；那麼這些引發地球暖化的二氧化碳，又是如何產生的呢？如果一下子就講到地球規模的層級，可能會很難理解，以下就先從一些生活周遭的例子講起。

⊙ 二氧化碳等溫室氣體排放量驚人

人類會藉由呼吸吸取空氣中的氧氣，再把二氧化碳排到空氣中；由於呼出的二氧化碳一下子就與空氣混合在一起，所以很難推想自己究竟排出了多少二氧化碳。事實上，一個人所產生的二氧化碳，每分鐘大約有兩百五十毫升；如此計算下去的話，每小時為十五公升，一天下來就有三百四十公升的二氧化碳被排出。

如果以「一大氣壓下，一莫耳氣體的體積為二二・四公升」的公式來計算的話，由於一莫耳二氧化碳的重量為四十四公克，所以每人每天的二氧化碳排放量會是「三四〇×四四÷二二・四＝六六八公克」（參見右頁圖解）。

光是人類呼吸所產生的二氧化碳就已經相當多了，但像是日本人平均每人每天還會消耗掉相當於一個水桶量的石油。假設一水桶的石油有十公斤，若和空氣中二十公斤的氧氣結合，就會產生三十公斤的二氧化碳（換算成體積的話，大約是一千五百公升），量又更為驚人了。人類不可能為了減少二氧化碳量而不呼吸，因此在節省能源的方面應該多下點工夫，努力減少我們所消耗的能源。

▓▓▓地球的暖化

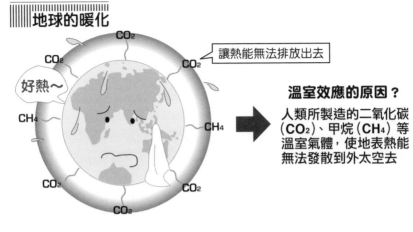

讓熱能無法排放出去

溫室效應的原因？
人類所製造的二氧化碳（CO_2）、甲烷（CH_4）等溫室氣體，使地表熱能無法發散到外太空去

▓▓▓人類是地球暖化的罪魁禍首

Q. 人類一天會製造出多少二氧化碳呢？

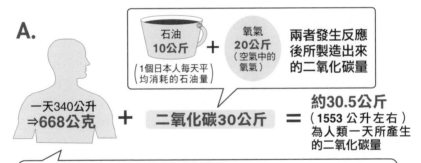

A.

石油
10公斤
（1個日本人每天平均消耗的石油量）

＋

氧氣
20公斤
（空氣中的氧氣）

兩者發生反應後所製造出來的二氧化碳量

一天340公升
⇒**668公克**
＋
二氧化碳30公斤
＝
約30.5公斤
（1553 公升左右）
為人類一天所產生的二氧化碳量

〈平均1人的二氧化碳排放量〉

1 分鐘約 250 毫升
×60（秒）

↓

1 小時約 15 公升
×24（小時）

↓

1 天約 340 公升

● 1 大氣壓下，1 莫耳氣體的體積為 22.4公升。這樣一來，340公升的二氧化碳就是340÷22.4＝15.18莫耳

● 1 莫耳二氧化碳的重量是44公克，所以每人的二氧化碳排放量為 15.18×44＝668公克

生活雖然愈來愈便利，但人類的能源使用量也跟著大幅增加了。

191

傳給下一代一個豐饒的地球
環境教育和生態旅遊

◉ 讓孩子在興趣中接受環境教育

　　講到環境教育，可能很容易讓人誤以為要聽專家解說「地球暖化」或「臭氧層破壞」等艱深的環保問題，或是為了進行自然環境的野外調查，而必須熟記各種不同生物的名字等；不過事實上，環境教育非常容易，幾乎人人都會。

　　通常小朋友會有個共同的特點，就是只熱中於自己有興趣的事情；因此，就算路邊有很稀有的花草，小孩子也不見得會感興趣。然而，大人通常會認為「這可是一年只出現一次」或「這種稀有的花只有這裡才看得到」，便強迫小朋友去看這些稀有的生物，或是特意從圖鑑上查出這些動植物的名字，硬要小朋友記起來。這樣的做法，或許能使一些小朋友對這些生物產生興趣，但卻可能有更多的小朋友會因此而失去了興趣。

　　像這種單向式的教育方式，很容易讓小朋友對自然觀察的興趣快速消退，因此筆者建議的做法，是當小朋友對某項事物產生興趣的時候，不特意去告訴他們「那是什麼」，而是讓他們打從心底喜歡這些事物。

　　事實上，小朋友經常會發現一些很有趣的東西，像是在路邊做日光浴的蜥蜴、螳螂的卵囊等等。一般來說，小男生會對昆蟲這一類會動的生物比較有興趣，小女生則會對紫羅蘭這種漂亮的小花小草有興趣。

◉ 結合環保意識的生態旅遊

　　此外，像在觀察野鳥的時候，即使遇到了很稀有的鳥類，也不要一下子就告訴小朋友鳥叫什麼名字；因為如此一來，小朋友可能會一下子就失去興趣。舉例來說，母鴨到了冬天會長出五顏六色的羽毛，冬天的池塘就像是鴨子們的時裝秀一般；其中，鳳頭潛鴨在日本稱為「金黑羽白」，外表真的是「鳥」如其名，所以如果跟小朋友這麼解說：「身上穿著純白色的睡衣，披著天鵝絨禮袍，頭髮睡得亂七八糟，還塗著黃色的眼影──牠就是鳳頭潛鴨小姐。」這樣是不是比較有趣呢？此外，除了用眼睛觀察之

外，如果再加入一些品嚐野菜大餐、玩玩自然遊戲的活動，相信小朋友一定能夠樂在其中吧。

除此之外，如果讓小朋友親身體驗海洋、山區等和自己身邊的世界不一樣的自然環境，也會得到很好的效果。像是在日本的高知縣和小笠原所舉辦的「賞鯨之旅」，可以讓小朋友實地觀察野生鯨魚，便相當地受到好評；此外，為了顧及自然生態的維護，八重山列島的西表島也推動了搭乘獨木舟的生態旅遊；另外還有中美洲的哥斯大黎加以及澳洲等許多國家，都相當積極地推動生態旅遊。要想保護自然環境，最重要的第一步就是要「多多親近大自然」。

如何引起小朋友的興趣？

那是很稀有的鳳頭潛鴨，你們要仔細看清楚。

是喔……真無聊。

有一隻鳥身上穿著純白色的睡衣和黑色禮袍呢。

牠的頭髮還睡得亂七八糟的耶。

✗ 強勢地要小朋友記住動植物名稱或觀看大人認為重要的事物，反而會造成反效果

◯ 引起小朋友的好奇心非常重要

自然遊戲的例子

〈聽聽看有幾種聲音？〉

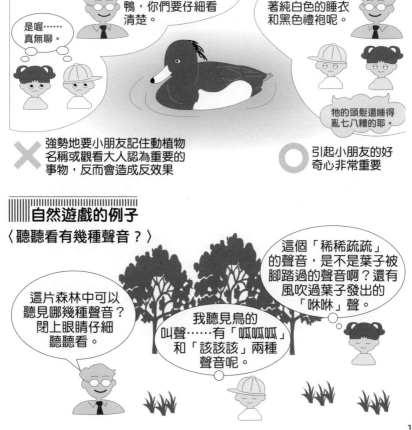

這片森林中可以聽見哪幾種聲音？閉上眼睛仔細聽聽看。

我聽見鳥的叫聲……有「呱呱呱」和「該該該」兩種聲音呢。

這個「稀稀疏疏」的聲音，是不是葉子被腳踏過的聲音啊？還有風吹過葉子發出的「咻咻」聲。

中譯	日文	原文（英文）	頁碼
bicoid mRNA	ビコイド mRNA	bicoid mRNA	136, 137
B細胞	B細胞	B cell	156, 157, 158, 159, 161, 164
DNA聚合酶	DNAポリメラーゼ	DNA polymerase	118
nanos mRNA	ナノス mRNA	nanos mRNA	136
RNA聚合酶	RNAポリメラーゼ	DNA polymerase	124, 165
α-N-乙醯葡萄糖胺	α-N-アセチルグルコサミン	α-N-acetylglucosamine	112
α-半乳糖	α-ガラクトース	α-galactose	112
β3腎上腺素受器	β3-アドレナリン受容体	β3-adrenergic receptor	80, 81
一劃			
乙醯膽鹼	アセチルコリン	acetylcholine	95, 98
二劃			
二磷酸腺苷	アデノシン二リン酸	adenosine diphosphate	78, 79
二疊紀	ペルム紀	Permian	65
人類基因體	ヒトゲノム	human genome	26, 122, 123, 124, 162, 166, 168, 169
三劃			
三色菫	パンジー	pansy	180
三羧酸循環	TCA回路	tricarboxylic acid cycle；TCA cycle	76
三磷酸腺苷	アデノシン三リン酸	adenosine triphosphate	40, 78, 79
三聯體	トリプレット	triplet	121
千卡	キロカロリー	kilocalorie	79
大猩猩	ゴリラ	gorilla	68, 176, 177
小獵犬號	ビーグル号	the Beagle	66

生物棲地	ビオトープ	biotope	180, 181
生物資訊學	バイオインフォーマティクス	bioinformatics	24
生長激素	成長ホルモン	growth hormone	80, 81, 100, 101
生活品質	QOL	quality of life	154
生態區位	ニッチ（ニッチェ）	niche	178, 179
生態學	エコロジー	ecology	174, 176
田野調查	フィールド調査	field study	176, 189
甲烷	メタン	methane	51, 1191
白三烯素	ロイコトリエン	leukotriene	160, 161
皮凱亞蟲	ピカイア	Pikaia	56, 57

六劃

交聯	クロスリンク	cross-link	155
任娜密威	ザナミビル	zanamivir	165
光學鑷子	光ピンセット	optical tweezer	130, 131
光蕨	クックソニア	Cooksonia	60
先進細胞科技公司	アドバンスト・セル・テクノロジー社	Advanced Cell Technology, Inc.	150
吉娃娃	チワワ	Chihuahua	49
同位序列基因	ホメオボックス遺伝子	homeobox gene	142, 143
地震龍	セイスモサウルス	Seismosaurus	32, 33
多須蟲	サンクタカリス	Sanctacaris	56, 57
好氧性細菌	好気性バクテリア	aerobic bacteria	52, 53
安慰劑	プラセーボ	placebo	104
朱鷺	トキ（朱鷺）	Nipponia nippon	184, 185
灰狗	グレイハウンド	greyhound	48
米勒	ミラー	Stanley Miller	51
肌小節	サルコメア	sarcomere	125
肌紅蛋白	ミオグロビン	myoglobin	32, 33

胚胎幹細胞	ＥＳ細胞	embryo Stem Cell	148, 149, 150, 151
胡蘿蔔素	カロチノイド	carotenoid	83
胞嘧啶	シトシン	cytosine	118, 120
苯乙烯三聚體	スチレントリマー	styrene trimer	188
苯丙胺酸	フェニルアラニン	phenylalanine	121
虹鱒	ニジマス	Oncorhynchus mykiss	188

粒線體	ミトコンドリア	mitochondria	39, 40, 41, 43, 53, 76, 77, 117, 135
細胞凋亡	アポトーシス	apoptosis	44, 45
細胞細免疫	細胞性免疫	cellular immunity	157
細胞激素	サイトカイン	cytokine	149
組織胺	ヒスタミン	histamine	90
組織蛋白	ヒストン	histone	42, 43
脯胺酸	プロリン	proline	121
莫耳	モル	Mole	190, 191
荷爾蒙	ホルモン	hormone	24, 41, 81, 88, 89, 90, 96, 97, 98, 100, 101, 102, 103, 104, 105, 110, 144, 145, 154, 155, 188, 189
蛋白質分解酶抑制劑	プロテアーゼ阻害薬	protease inhibitor	162
蛋白質體	プロテオーム	proteome	15, 126, 127, 128
許來登	シュライデン	Matthias Jakob Schleiden	37
許旺	シュワン	Theodor Schwann	37
透明帶	透明帯	zona pellucida	134, 135
透明質酸	ヒアルロン酸	hyaluronic acid	135
透明質酸酶	ヒアルロニダーゼ	hyaluronidase	135
頂體素	アクロシン	acrosin	135
魚石螈	イクチオステガ	ichthyostega	61
鳥糞嘌呤	グアニン	guanine	118, 120
麻省理工大學	マサチューセッツ工科大学	Massachusetts Institute of Technology, MIT	158

十六劃

整合與比較生物學會	統合生物学会	Society for Integrative and Comparative Biology	22, 23
樹棕質	フロバフェン	phlobaphene	83
糖皮質素	糖質コルチコイド	glucocorticoid	100, 101
糖解作用	解糖系	glycolysis	76, 77
選擇性血清素再回收抑制劑	選択的セロトニン再取り込み阻害薬	selective serotonin-reuptake inhibitors；SSRI	162

十七劃

壓力來源	ストレッサー	stressor	91
戴奧辛	ダイオキシン	Dioxin	188, 189
燧石	チャート	Chert	52
營養細胞	哺育細胞	nurse cell	136
營養補充劑	サプリメント	supplement	14, 155
磷酸二酯鍵	ホスホジエステル結合	phosphodiester	119
磷酸鈣	リン酸カルシウム	calcium phosphate	72
膽固醇	コレステロール	cholesterol	80

十八劃

檸檬酸	クエン酸	citric acid	76, 77
檸檬酸循環	クエン酸回路	citric acid cycle	76, 77
濾泡刺激素	ろ胞刺激ホルモン	follicle-stimulating hormone（FSH）	104
藍綠藻	シアノバクテリア	Cyanobacteria	52, 53
藍鯨	シロナガスクジラ	blue whale	32, 33
雙冠龍	ディロフォサウルス	Dilophosaurus	62, 63
雙酚A	ビスフェノールA	Bisphenol A	188
蟪蛄	ニイニイゼミ	Platypleura kaempferi	173